U0321711

煤矸石混合料路用性能研究及工程应用

孟文清　郭庆华　张亚鹏　崔邯龙　著

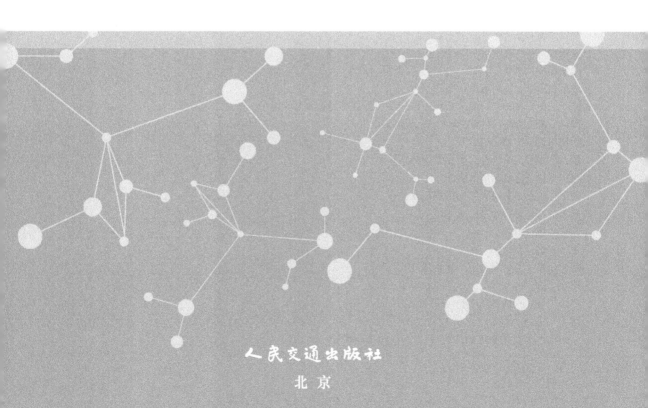

人民交通出版社

北京

内 容 提 要

本书对煤矸石、粉煤灰、钢渣和矿渣粉等固体废弃物的分类、性质进行了概述,介绍了煤矸石混合料的研究和应用现状,阐述了石灰粉煤灰煤矸石混合料、石灰钢渣煤矸石混合料和矿粉钢渣煤矸石混合料等多种混合料路用力学性能和耐久性能的试验方案、试验现象和试验结果,回归出各类煤矸石混合料无侧限抗压强度、回弹模量和劈裂抗拉强度对应的原材料配合比方程,并对石灰粉煤灰煤矸石混合料地基换填的试验室试验和工程现场测试相关内容进行了介绍,最后列出了煤矸石混合料在土木工程中的应用案例。

本书具有较强的适用性,可供土木工程及从事煤矸石资源再生利用的工程建设人员和科研人员使用,也可作为高等院校土木工程、管理科学与工程、资源循环科学与工程、环境科学与工程等专业师生参考用书。

图书在版编目(CIP)数据

煤矸石混合料路用性能研究及工程应用/孟文清等著. — 北京:人民交通出版社股份有限公司,2024.1
ISBN 978-7-114-19341-5

Ⅰ.①煤… Ⅱ.①张… Ⅲ.①煤矸石利用—关系—路面基层—研究 Ⅳ.①TD849②U416.2

中国国家版本馆 CIP 数据核字(2023)第 255414 号

书　　名:	煤矸石混合料路用性能研究及工程应用
著 作 者:	孟文清　郭庆华　张亚鹏　崔邯龙
责任编辑:	岑　瑜
责任校对:	赵媛媛
责任印制:	刘高彤
出版发行:	人民交通出版社
地　　址:	(100011)北京市朝阳区安定门外外馆斜街 3 号
网　　址:	http://www.ccpcl.com.cn
销售电话:	(010)59757973
总 经 销:	人民交通出版社发行部
经　　销:	各地新华书店
印　　刷:	北京虎彩文化传播有限公司
开　　本:	787×1092　1/16
印　　张:	10
字　　数:	218 千
版　　次:	2024 年 1 月　第 1 版
印　　次:	2024 年 1 月　第 1 次印刷
书　　号:	ISBN 978-7-114-19341-5
定　　价:	68.00 元

(有印刷、装订质量问题的图书,由本社负责调换)

PREFACE 前言

在可持续发展的背景下,提高绿色交通建设发展水平,成为了加快建设交通强国、推动交通运输高质量发展的必然之策。立足新发展阶段,贯彻新发展理念,交通生态文明建设面临新的形势和机遇,将煤矸石、粉煤灰、钢渣和矿渣粉等工业废料用于道路工程中,是遵循"生态优先,绿色发展"的总要求,推动我国基础设施建设领域绿色低碳发展的有效路径。

煤矸石混合料是以煤矸石骨料为主要材料,添加一定量的结合材料(如水泥、矿粉、石灰、电石灰或粉煤灰等的一种或多种)和掺合料(如钢渣、碎石等),加水拌和均匀后形成的混合物,其制备工艺简单,成本较低,且混合物性能较好。煤矸石混合料既可以满足路面基层和地基换填材料的技术要求,同时又缓解了交通基础设施建设对天然砂石大量需求的压力,具有较高的工程应用价值。

作者团队从2010年开始进行煤矸石混合料的路用性能、地基承载性能等方面的科学研究和工程应用,形成了一系列研究成果,在河北邯邢地区的工程建设中得到了应用,取得了较好的社会效益和经济效益。为了进一步推广技术成果转化,现将煤矸石混合料研究成果及应用实例编撰成册,为广大科学研究人员和工程建设工作者提供参考和借鉴。

本书从煤矸石、粉煤灰、钢渣等固废材料的物理化学性质出发,先后研究了以河北邢台、邯郸地区煤矸石为原材料的石灰粉煤灰煤矸石混合料、石灰钢渣煤矸石混合料和矿粉钢渣煤矸石混合料等多种混合料的路用力学性能、地基换填工程特性和耐久性能。试验结果表明各类混合料可用于各等级公路基层铺筑和地基换填工程,制订的铺(填)筑工艺均能较好满足现场施工要求,并成功应用于河北邢台、邯郸地区的道路基层、场地回填和房屋地基换填工程中。

本书由孟文清、郭庆华、张亚鹏和崔邯龙撰写。在编写过程中得到了冀中能源股份有限公司、中煤邯郸设计工程有限责任公司、河北光太路桥工程集团有限公司、河北省自然科学基金委、邯郸市科技局等企事业单位的大力支持。书中介绍试验是在河北工程大学实验室和河北光太路桥工程集团有限公司实验室完成的。在此,向本书编写提供支持和帮助的单位和个人致以最诚挚的谢意。感谢孟文芳、吴雄志、刘金堂、张跃文等同志在试验过程中提供的帮助,以及黄祖德、全建升、周建雨、张志飞、岳伟领、吴子栋、崔曙东、王新溢、柳冬雷、孙康、冀浩、吴航、吴依同、杨洪福、刘鑫和邓丙洋等同学的辛勤付出。本书在编撰过程中参阅了大量国内外文献和同行的工作资料,在此向所有作者和同行一并致谢。

　　鉴于煤矸石混合料工程应用偏少,涉及专业多、知识面广,受作者学科知识积累及水平所限,书中难免存在许多缺点和错误之处,敬请各位同行和读者批评指正。

作　者

2023 年 10 月

CONTENTS 目录

第1章

煤矸石混合料概述

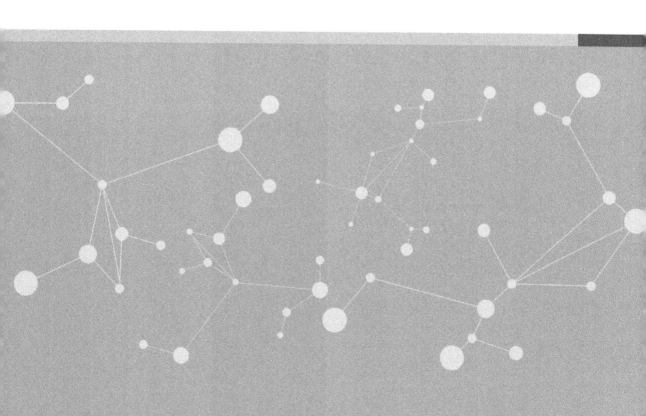

煤矸石混合料是以煤矸石为主要材料,添加一定量的结合材料(如水泥、矿粉、石灰、电石灰或粉煤灰等的一种或多种)和掺合料(如钢渣、碎石等),加水拌和均匀后形成的混合物,其制备工艺简单,成本较低,且混合物的性能较好。煤矸石混合料既可以满足路面基层和地基换填材料的技术要求,又能解决因开山取石造成环境破坏的问题,具有较高的工程应用价值。

1.1　煤矸石　　　

1.1.1　煤矸石的分类及矿物组成

1.1.1.1　煤矸石分类

在实际应用中,煤矸石有以下五种分类方法:

(1)按排出的地点分类:全岩掘进矸石、半煤岩掘进矸石、露天煤矿剥离矸石、手选矸石、洗选矸石、浮选矸石。

(2)按外观颜色分类:灰矸、红矸、黑矸、白矸。

(3)按自燃程度分类:自燃矸石、未自燃矸石、干馏矸石。

(4)按矸石排出的时间分类:新矸石、陈石(又称老矸)、风化矸。

(5)按矸石的岩石类型分类:黏土岩矸石、砂岩矸石、钙质岩矸石、铝质岩矸石。

上述的五种分类方法只能表示煤矸石排出的地点、外观颜色、自燃程度和风化状态等方面的差异,不能完全反映煤矸石的成分,以此作为分类的依据,还不具备合理性。考虑实际应用方面,通常以煤矸石的物理性质、化学性质等不同的数值进行分类。

根据《煤矸石分类》(GB/T 29162—2012)中的分类方法,分类类别有三种:

(1)煤矸石按全硫的低、中、中高、高划分为四个类别,分别为低硫煤矸石、中硫煤矸石、中高硫煤矸石和高硫煤矸石。

(2)煤矸石按灰分产率的低、中、高划分为三个类别,分别为低灰煤矸石、中灰煤矸石和高灰煤矸石。见表1-1。

煤矸石按灰分产率分类　　　　　　　　　　　　　　　　　表1-1

编码	类别名称	灰分(A_d)产率范围(%)
1	低灰煤矸石	$A_d \leqslant 70.00$
2	中灰煤矸石	$70.00 < A_d \leqslant 85.00$
3	高灰煤矸石	$85.00 < A_d$

(3)煤矸石按灰成分分类分为钙镁型煤矸石和铝硅型煤矸石。

煤矸石类型以钙镁含量划分,钙镁含量 $w_{CaO+MgO}>10\%$ 划分为钙镁型煤矸石,其余为铝硅型煤矸石,对应编号 1、2。类型划分见表1-2。其测定方法见《煤灰成分分析方法》(GB/T 1574—2007)。

煤矸石按灰成分分类 表1-2

编号	类型名称	钙镁含量 $w_{CaO+MgO}$ 范围(%)
1	钙镁型煤矸石	$w_{CaO+MgO}>10$
2	铝硅型煤矸石	$w_{CaO+MgO}\leqslant10$

其中铝硅型煤矸石按铝硅比含量的低、中、高划分为三个等级,对应的编号为 1、2、3。等级划分见表1-3。

铝硅型煤矸石按铝硅比分类 表1-3

编号	级别名称	铝硅比 $m(Al_2O_3)/m(SiO_2)$ 范围(%)
1	低级铝硅比煤矸石	$m(Al_2O_3)/m(SiO_2)\leqslant0.30$
2	中级铝硅比煤矸石	$0.30<m(Al_2O_3)/m(SiO_2)\leqslant0.50$
3	高级铝硅比煤矸石	$0.50<m(Al_2O_3)/m(SiO_2)$

1.1.1.2　煤矸石中矿物组成

煤矸石中的矿物主要是由成矿母岩演变而来的。按成因类型可将其分为两类:一类是原生矿物,它们是各种岩石(主要是岩浆岩)受到程度不同的物理风化而未经化学风化的碎屑物,其原有的化学组分和结晶构造都没有改变;另一类是次生矿物,它们大多数是由原生矿物经风化后重新形成的新矿物,其化学组成和构造都有所改变且有别于原生矿物。

(1)原生矿物。

最主要的原生矿物有四类:硅酸盐类、氧化物类、硫化物类和磷酸盐类矿物。

(2)次生矿物。

次生矿物是煤矸石中最重要、最具活力、最有影响力的部分。煤矸石许多重要的物理性质(如可塑性、膨胀收缩性),化学性质(吸收性)和力学性质(湿强度、干强度)等取决于次生矿物。

按构造和性质,次生矿物可分为三类:简单盐类、三氧化物类和次生铝硅酸岩盐类(黏土矿物)。

1.1.2　煤矸石的危害性

煤矿作为重要的能源,对我国国民经济和社会发展作出了巨大贡献,与此同时,煤炭大量开采会引起地表塌陷,造成土地破坏和挤占土地,使矿区大量耕地、地表建筑物和地下水资源遭到破坏,导致水土流失和土地沙漠化。煤矸石是工业固体废弃物中排放和堆存量最大的一种,目前国内外采煤和洗选过程中排出的煤矸石大多弃置于山沟、平川一带,大都长期堆放,利用率极低,如图 1-1 所示。煤矸石的大量排放和自燃及煤矸石山酸性淋溶水的超标排放等不仅使矿区生态环境日趋恶化,而且严重污染了煤矿和周边环境的江河水体,直接影响农业、林业等生产。因此对矿区煤矸石进行研究、治理和综合利用,不仅具有重大的生态环境保护意义,而且能取得较好的社会效益和经济效益,对煤炭工业可持续发展乃至整个国民经济的健康发展具有十分重要的现实意义。

图 1-1　多年形成的矸石山

国内外环境调查、环境监测和煤矸石环境现状研究表明,煤矸石堆存的环境危害非常明显,并且随着其累计堆存量的增加,环境危害日趋突出。露天堆存的煤矸石暴露在自然环境中,往往会发生一些物理、化学反应,从而对矿区环境造成危害。因此,可以把煤矸石的危害分为物理危害和化学危害两大类。

1.1.2.1　物理危害

(1)占用土地。

土壤是难以再生的资源,地球上要形成 1cm 厚的土壤,需要 300 ~ 500 年的漫长岁月。而许多地区的煤矸石堆放场所邻近交通线和居民区,导致侵占大量耕地、林地、居住用地和工矿用地。

(2)污染大气。

煤矸石露天堆放产生的扬尘有以下规律:扬尘量与风速成正比;在相同的风速下,扬尘量的大小与物质的粒度、质量和破碎状态有关。煤的粒度、质量和块度较小,煤粉多,易被吹扬;反之,吹扬量较少。矸石山的扬尘量与装卸活动也有关:卸矸时扬尘量大,平时扬尘量小。有关研究资料表明,矸石山对环境有扬尘污染,且其影响范围一般不超过 1km。煤矸石在运输和堆放过程中,遇风形成的粉尘颗粒,其风化粉尘中含有对人体有害的金属元素。

(3)引发地质灾害。

煤矸石岩性主要为粉砂岩、含粉砂泥(页)岩、泥(页)岩、含炭泥(页)岩和砂岩及不纯碳酸盐岩等,往往含硫铁矿和煤屑等。多数煤矿采取绞车提升、翻矸机倾倒,煤矸石自然成堆,露天堆放。矸石堆呈尖顶锥形,矸石块径为数厘米至数十厘米,堆存体的煤矸石块径自然分选。运矸轨道坡度多为18°～20°,单体高度20～50m,矸石堆自然安息角38°～40°。可见,矸石山坡度较大,内部结构疏松,受矸石中炭份自燃、有机质灰化及硫分解挥发等作用的影响,矸石山非常容易发生崩塌、滑坡。堆于沟谷的松散煤矸石还易成为泥石流的物质源,一旦山谷中形成较强的径流条件,即可能造成泥石流灾害。特别是经过较长时间的风化、氧化或雨水渗透浸泡后,煤矸石所含的残煤和黏土膨胀松软、颗粒细化,荷载能力显著降低,更容易加剧此类事故发生。

(4)危及居民安全。

矸石山一般灰分较多,发热量较大,硫含量较高,煤矸石堆积后由于内部发热,温度升高(可达800～1200℃),形成一个内部高温高压的环境。当矸石山内的瓦斯气体聚集至一定浓度,在高压的情况下,极易产生爆炸,并引起崩塌、滑坡,形成连锁灾害,严重危及附近居民的安全。

(5)造成水土流失。

矸石山一般坡度较大,在堆放初期入渗能力较强,随着矸石山表面风化程度的增加,表层土壤发育,入渗能力降低,使得矸石山表面径流加大,特别是近几年矸石山的堆放都经过机械碾压,形成致密的"不渗层",如果遇暴雨侵袭,就会造成严重的水土流失。

(6)破坏矿区景观。

煤矸石对矿区景观的破坏主要表现在自然景色上。煤矸石多为灰黑色,且山体高大,在大部分矿区,巨大、黑色且光秃秃的矸石山成了煤矿区的标志物;煤矸石自燃以后变为黑褐色,矸石山有时还冒着白色的烟雾,严重影响矿区的自然风光。另外,由于矸石山风蚀扬尘,尘埃覆盖在矿区及邻近的建筑物上,使其失去原来色调。漫天飘扬的矸石扬尘降低了空气清洁度和光照度,使矿区环境浑浊不清,对景观环境质量影响很大。

除此之外,矸石山溢流水和经雨水淋溶形成的浊流,常常使河流出现颜色杂乱的污染带,矸石堆放时产生的粉尘、自燃时产生的有毒物质对植物的生存也有较大影响,表现为植物生长缓慢、生长量降低,草地植被种类减少、病虫害增多等,这些现象均对矿区的生态景观造成严重破坏。

1.1.2.2 化学危害

(1)自燃危害。

煤矸石山的自燃对矿区生态环境的污染最为严重。煤矸石中含有残煤、炭质泥岩和废木材等可燃物,其中碳和硫构成煤矸石山自燃的物质基础,矸石中通常固定碳含量为10%～30%,野外露天堆放的煤矸石日积月累,堆积在矸石里的黄铁矿(FeS_2)在矸石山上氧化发热,其内部的热量逐渐积蓄,当温度达到可燃物的燃点时,即引起混在矸石里的炭自燃,再引起矸石自燃。自燃后,矸石山中部温度升高,并放出大量 CO、CO_2、SO_2、H_2S 和氮氧化物等有害气体。CO 气体能使人出现头晕、窒息、中毒等症状,甚至会使人视力减退,严重时会使人的血液循环输氧系统闭塞而致死。SO_2 对人体造成的危害主要是双眼红肿、胸憋、咳嗽、气喘、口腔干燥发黏等,对绿色植物的影响是对叶片细胞产生危害作用,破坏叶片的交换机能,使叶片内的海绵细胞和栅栏细胞发生质壁分离,使叶片上出现枯萎斑痕。SO_2 浓度严重超标时,还会导致一些敏感植物死亡。

（2）有毒重金属污染。

土壤作为一个十分复杂的多相体系和动态开放体系,固相中大量的黏土矿物、有机质、金属氧化物等能吸持进入其内部的各种污染物,特别是重金属。大量研究表明,重金属一旦进入土壤后很难在物质循环和能量交换过程中分解,它们往往在土壤中不断进行累积。生长在重属污染土壤上的植物,必然会吸收和累积一定数量的重金属。进入植物体内的重金属不但影响植物的产量和品质,而且会通过与大气和土壤的物质交换和能量流动影响大气环境、水环境和土壤环境质量,并可通过食物链最终危害人类的生命和健康。更为严重的是,重金属在土壤和植物中及从土壤到植物的污染过程具有隐蔽性、长期性和难降解性的特点,因此土壤重金属污染是一种较为严重的土壤污染。

煤矸石在露天堆放情况下,经受风吹、日晒和雨淋,煤矸石中的有毒重金属元素如铅、镉、汞、砷、铬等通过雨水淋溶渗入土壤和进入下游水域,导致严重的重金属污染。

（3）酸性水污染。

煤矸石中普遍含有较高的硫成分及其他有害元素,硫主要以黄铁矿的形式存在。四川南桐煤矿煤矸石含硫量高达 18.93%,贵州大枝煤矿煤矸石含硫量也达 8% ~ 16.08%。煤矸石中的黄铁矿结核经过风化及大气降水的长期淋溶作用,形成硫酸或酸性水渗入地下,造成土壤、地表水体及浅层地下水污染。黄铁矿氧化所产生的铁质,因酸性环境而以可溶性铁和硫酸盐形式迁移至淋溶液,因而使得受淋溶液影响的地下水和地表水的可溶盐类总量增大,硬度显著提高,不但不能作为饮用水源,作为农业灌溉水源还会导致土壤盐渍化。另外,自燃后的矸石山会产生 SO_2 等,遇水或淋溶后会形成 H_2SO_3,造成土壤酸化,严重影响植物的正常生长。煤矸石淋溶液不仅污染堆积区,还通过各种水力联系(导水砂层、地层裂隙、农灌、河流等)发生污染转移,从而大范围地影响工农业生产,尤对水产养殖业为甚。

（4）放射性污染。

煤矸石在采出、运输、堆放等过程中,由于逐渐破碎,裸露面积逐渐增大,从而扩大了与空气的接触面积,其中的放射性元素向空气中大量析出,使空气中的放射性元素浓度增大,超过其本底值,造成放射性污染。

煤矸石所含天然放射性物质造成的污染影响,主要有两种途径:一种途径是风力把小于 $100\mu m$ 的微小颗粒吹扬起造成二次再悬浮污染大气,人体吸入后会引起内照射;另一种途径是引起 γ 射线的外照射。

1.1.3 煤矸石资源化利用

美国在 1970 年制定了《资源回收法》,并于 1976 年制定了《资源保护再生法》。美国矿业局从 20 世纪 70 年代开始,对所有矸石山进行采样分析,并做出煤矸石综合利用规划。美国利用煤矸石生产水泥、轻集料或作为筑路材料;对含煤量大于 20% 的煤矸石,一般采用水力旋流器、重介质分选回收煤炭;成功研究出从燃烧着的煤矸石山中直接回收热能,既实现热能回收,又达到控制污染的目的。此外,还有利用煤矸石发电、生产有机矿质肥料等方式。对于不便利用的矸石山,采用复垦法使其变为牧场或果园。

英国煤炭局对矸石利用的目标是尽可能减少矸石山对环境的影响,并有计划地进行土地恢复和更新,现已将占地面积约 $0.9 \times 10^8 m^2$ 的矸石山中的 $0.2 \times 10^8 m^2$ 部分进行复田。此外,把自燃煤矸石与铝土矿按 4:1 的比例混合,制成防滑简易路面。此外,还利用煤矸石生产建材,如制备强度等级较低的混凝土、预制混凝土砌块等。

法国根据煤矸石矿物成分、化学成分和工程特性分别应用在不同领域。从 20 世纪 70 年代起,法国煤矸石年用量已达 $4 \times 10^5 \sim 5 \times 10^5 t$,其中 65% ~70% 的煤矸石进行洗选用于发电;其他的主要用来制砖、生产水泥和铺路。此外,法国将自燃煤矸石进行破碎并划分等级,用于空地和公共场所表面装饰,铺路或停车场。法国道路公路技术研究部和道路桥梁实验中心发现,煤矸石是很好的建筑充填材料,很容易分层铺成 30~40cm 厚的路基,其易于压实,干密度可达 $1.18g/cm^3$,使路基具有良好的不透水性。

苏联对煤矸石的利用主要是三个方面。利用煤矸石和矸石火烧岩生产砖和多孔轻集料等建筑材料;利用有机质含量在 20% 以上的煤矸石生产有机矿物肥料,这种煤矸石肥料可提高土壤肥力;利用高硫煤矸石进行生态无害热处理。

在其他国家应用中,波兰研究了以煤矸石为主要原料生产砖制品和空心砌块的工艺。匈牙利马特劳、伏特赫斯煤矿公司经过 10 多年的努力,取得生物复田工艺专利。该项目最成功之处是可在没有表土层的情况下,仅用一个生长期就能使煤矸石覆盖层变成肥沃的土壤,目前该项技术正在向全世界推广。

美国、英国、法国、苏联等国家主要通过对煤的高度纯化、净化,将煤矸石作为二次资源综合利用,提高了煤炭企业经济效益,保护了环境。

我国将煤矸石作为一种资源进行开发利用是在 20 世纪 70 年代后期逐渐兴起的。60 多年来,通过广大科技工作者的努力,我国煤矸石资源化利用领域逐步拓宽,加工技术日趋成熟,煤矸石综合利用率也不断提高,其综合利用率从 1990 年的 20% 提高到 1998 年的 41%,到 2013 年提高至 64%,2021 年达到 73.1%。从 1990 年至今,我国煤矸石的处理能力显著提高,我国煤矸石的综合利用量在"九五"以后发展迅速。国家发展和改革委员会《关于"十四五"大宗固体废弃物综合利用的指导意见》明确指出,持续提高煤矸石的综合利用水平,推进煤矸石在工程建设、塌陷区治理、矿井充填及盐碱地、沙漠化土地生态修复等领域的利用,有序引导利用煤矸石生产新型墙体材料、装饰装修材料等绿色建材,在风险可控前提下深入推动农业领域应用和有价组分提取,加强大掺量和高附加值产品推广应用。随着关于煤矸石利用相关政策的出台,煤矸石综合利用的水平必将进一步提高,有利于推动我国基础设施建设领域绿色低碳发展。

煤矸石综合利用主要有以下几个方面。参见图 1-2。

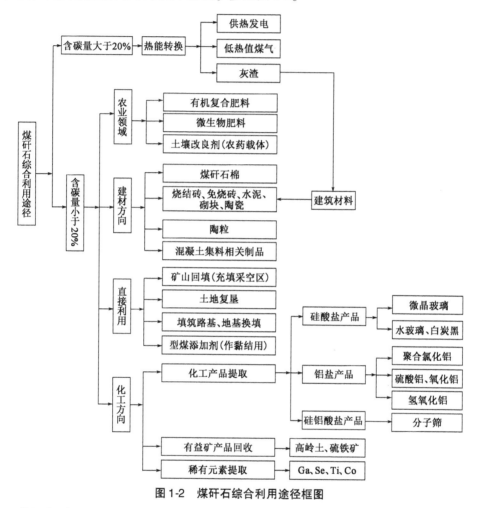

图 1-2　煤矸石综合利用途径框图

(1)能源领域。

煤矸石作为低热值燃料,用煤矸石发电可以充分利用其自身所具有的发热量,实现资源节约和持续利用。

(2)建材领域。

包括生产煤矸石砖、代替黏土生产水泥、制备陶瓷、制作混凝土轻集料和普通混凝土粗细集料等。利用煤矸石作为生产建筑材料的原材料,能够消耗掉大量的煤矸石,并且成本较低,是充分利用煤矸石的途径之一。

(3)工程填料。

包括煤矸石筑路、造地复垦、回填采空区和塌陷区等。煤矸石筑路、回填等方面的利用也是煤矸石综合利用的重要途径之一。煤矸石用作工程填料不需要增加成本,且用量大,给煤矿企业带来较好的经济效益;缺点是粗放利用,不能很好实现资源综合有效利用。

针对工程填料国内学者进行了大量研究,其中包括混合料确定、混合料配比、混合料力学性能等。刘俊尧等研究和分析了在路面基层中煤矸石混合料的应用性能,对煤矸石混合料的抗压强度、抗冻融能力、抗裂性能及温度收缩变形等进行了研究,发现煤矸石混合料用作路基具有明显优势,经济性也非常显著。刘钊对煤矸石掺加粉煤灰、石灰和掺加粉煤灰、石灰、水泥及掺加石灰三类煤矸石混合料的抗压、抗拉强度进行了对比研究。夏英志和宋昕生对掺加粉煤灰、石灰稳定平顶山地区的煤矸石制成的煤矸石混合料相关性能进行研究,提出合理配合比。裴富国以阳泉307国道复线路面工程第一合同段为例,研究了采用水泥稳定阳煤一矿的煤矸石作为路面底基层材料的性能,确定了最佳掺量及施工工艺。贾致荣、赵成泉、鞠泽青等对不同配合比条件下的石灰、粉煤灰综合稳定张店煤矿的煤矸石混合料相关性能进行了研究,结果显示该煤矸石混合料可以用于低等级道路的基层和高等级道路的底基层。目前,有专家学者对煤矸石混合料用于高等级道路的中基层和上基层也进行了相关试验研究。

(4)化工产品领域。

煤矸石中含有多种元素,特别是稀有元素,其化学成分中含量最高的是 SiO_2 和 Al_2O_3。煤矸石化工用途主要有三类:一是通过各种不同的方法提取煤矸石中的某一种稀有元素,如 Ga、Se、Ti、Co 等;二是回收煤矸石中的有益矿产品,如高岭土、硫铁矿等;三是生产含硅、铝、硫等无机化工产品,如合成碳化硅、制备分子筛、制取白炭黑、聚合氧化铝、硅铝铁合金等。用煤矸石生产化工产品可解决传统技术的不足,使其资源化再利用,是煤矸石重要的高值化利用途径。但由于不同矿区煤矸石组成差异较大,因此,需要在化学成分利矿物组成分析的基础上进行分类综合利用。

(5)农业领域。

利用煤矸石生产有机复合肥、微生物肥料或土壤改良剂。

近年来,我国煤矸石及其混合料资源的开发利用研究已经取得了长足进展和成效,特别在发电、建材和工程填料等领域取得了较大的社会效益和经济效益;但相对于当前巨大的煤矸石产出量,现有的产业化利用途径仍然不能满足其处理需求,一些综合利用新技术与大规模工业化仍然存在差距,煤矸石综合利用水平和效率不高。因此,需要进一步提升煤矸石的传统应用技术水平,优化工艺、降低成本,增强市场竞争力;促进煤矸石制化工新产品和新型建材产业发展,提高煤矸石资源化率;强化煤矸石新材料、新产品的基础和应用研究,拓宽应用途径和领域;加大扶持和引导,提高企业对煤矸石开发利用的积极性,带动相关产业发展。这样,在满足社会需求的同时,培育和促进衰老矿山或资源枯竭型煤矿城市的经济转型,挖掘新的经济增长点,以期取得良好的社会效益、经济效益和环境效益。

1.2 钢渣等其他固废材料

1.2.1 钢渣的分类与物理、化学指标

钢渣是由冶炼材料、冶炼过程中掉落的炉体材料、修补炉体的补炉料及各种金属等混合形成的高温固溶体,其产量为粗钢产量的 15% ~ 20%。钢渣的大量堆弃,不仅占用土地和浪费资源,其所含的重金属元素还会污染空气、土壤和河流。中国目前钢渣的整体利用率仍然较低,仅为 29.5%,用于道路建设的钢渣占比更低,仅有 7.6%。

1.2.1.1 钢渣的化学成分

钢渣一般可分为转炉渣、平炉渣和电炉渣。由 Pan 等绘制的各类钢渣组成相图如图 1-3 所示,钢渣化学成分十分复杂,其中含有高炉炉渣、碱性氧炉渣电弧炉氧化渣、电弧炉还原渣、钢包炉渣、磷渣和氩氧脱碳渣。表 1-4 总结了中国主要钢厂转炉钢渣的化学成分和碱度。

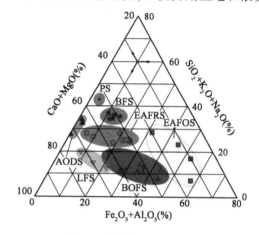

图 1-3　各类钢渣组成相图

PS-磷渣;BFS-高炉炉渣;EAFRS-电弧炉还原渣;EAFOS-电弧炉氧化渣;AODS-氩氧脱碳渣;LFS-钢包炉渣;BOFS-碱性氧炉渣

中国主要钢厂转炉钢渣的化学成分和碱度(%)　　　　　表 1-4

钢厂	CaO	SiO₂	Al₂O₃	MgO	Fe₂O₃	MnO	P₂O₅	f-CaO	碱度
马鞍山	43.15	15.55	3.84	3.42	19.22	2.31	4.08	4.58	2.20
太原	52.35	13.22	2.81	6.29	13.20	1.06	1.30	5.53	3.60
鞍山	45.37	8.84	3.29	7.98	21.38	2.31	0.72	6.95	4.75
武汉	58.22	16.24	3.87	2.28	7.90	4.48	1.17	2.18	3.34
首都	52.66	12.26	3.04	9.12	10.42	4.59	0.62	6.24	4.09
柳州	48.10	10.15	2.16	4.67	13.36	0.91	1.00	1.95	4.31
湘西	36.17	31.96	13.16	7.63	0.53	—	—	—	—
宝山	37.98	10.33	1.03	5.18	32.10	2.67	1.14	1.67	3.31
济南	41.14	12.84	3.58	6.32	20.13	2.98	1.12	—	2.95
南京	43.55	14.22	0.83	7.32	24.26	2.56	2.32	—	2.63

钢渣中的 f-CaO 和 f-MgO 可与水反应并且发生体积膨胀,膨胀量分别为 98% 和 148%。钢渣的低水化胶凝性和体积过度膨胀,导致其安定性不良,限制了钢渣在传统建筑材料中的大规模应用。高效、经济地提高钢渣胶凝性能,同时消除其安定性不良的隐患是提高钢渣综合利用效率的关键。

1.2.1.2　钢渣的物理力学性能

表 1-5 给出了部分不同产地钢渣的物理力学性能。

部分不同产地钢渣的物理力学性能　　　　　　　　　　　表 1-5

产地		表观密度(g/cm)	吸水率(%)	压碎值(%)	磨耗值(%)
中国	商州	2.27	1.83	11.50	12.20
	西安	3.28~3.34	1.20~2.60	14.20	12.70
	宝鸡	3.32	1.80	12.10	11.10
	昆明	3.52	1.14	16.70	—
	沈阳	3.24~3.36	2.20~2.24	17.50	18.50
	山西	3.01~3.32	1.80~2.13	5.90~15.20	11.10~15.40
	安徽	3.64~3.97	0.18~0.45	—	<20.0
	重庆	—	>5.00	19.80	23.40
美国		3.9~4.0	0.80~0.90	—	14.10~15.70
印度		3.35	2.00	21.00	18.00

1.2.2　粉煤灰的分类与物理、化学指标

粉煤灰是燃煤电厂发电过程中由锅炉燃烧经过烟气再由除尘器收集的飞灰和灰渣。近年来,我国粉煤灰的排放量逐年增加,2022 年排放量达到 7.5×10^9t。粉煤灰已经被国家列为重点处理的废弃物,粉煤灰的研究受到国家和政府的高度重视。

通常粉煤灰中的主要组成分为玻璃体,但晶体物质的含量有时也比较高,其范围在 11%~48%。主要晶体物质为莫来石、石英、赤铁矿、磁铁矿、铝酸三钙、黄长石、默硅镁钙石、方镁石、石灰等,在所有晶体相物质中莫来石占最大比例,可达到总量的 6%~15%。此外粉煤灰中还含有未燃烧的碳粒。

粉煤灰的物理性质中,细度和粒度是比较重要的属性,直接影响着粉煤灰的其他性质。粉煤灰越细,细粉占的比重越大,其活性也越大。粉煤灰的细度影响早期水化反应,而化学成分影响后期的反应。

对粉煤灰进行分类的方法比较多,总体来讲可以从以下三个角度进行分类,具体如下:

（1）根据物理性质划分。

①我国的国家标准《用于水泥和混凝土中的粉煤灰》（GB 1596—2017）根据粉煤灰的细度和烧失量对用于拌制混凝土和砂浆用粉煤灰分为 3 个等级。

Ⅰ级粉煤灰,0.045mm 方孔筛筛余量小于 12% ,烧失量小于 5% ;

Ⅱ级粉煤灰,0.045mm 方孔筛筛余量不大于 30% ,烧失量小于 8% ;

Ⅲ级粉煤灰,0.045mm 方孔筛筛余量小于 45% ,烧失量小于 10% 。

拌制砂浆和混凝土用粉煤灰理化性能要求见表 1-6。

拌制砂浆和混凝土用粉煤灰理化性能要求　　　　　表 1-6

项目	理化性能要求		
	Ⅰ级	Ⅱ级	Ⅲ级
细度（45μm 方孔筛筛余）（%）	≤12.0	≤30.0	≤45.0
需水量比（%）	≤95	≤105	≤115
烧失量（%）	≤5.0	≤8.0	≤10.0
含水率（%）	≤1.0		
三氧化硫质量分数（%）	≤3.0		

②根据粉煤灰含水率的变化进行分类。

干灰:最新排放及存放时间在半年以内的灰,并且含水率不超过 3% 。

湿灰:在排灰的过程中为减少粉尘污染加水排放的灰,另外,在经过干燥后含水率小于 3% 的灰也归为此类。

陈灰:指在露天存放的粉煤灰。

（2）按照煤种划分。

C 类粉煤灰:由褐煤或次烟煤燃烧收集的粉煤灰,SiO_2、Al_2O_3、Fe_2O_3 含量合计不小于 50% ,CaO 含量一般大于 10% 。

F 类粉煤灰:由无烟煤或烟煤燃烧收集的粉煤灰,SiO_2、Al_2O_3、Fe_2O_3 含量合计不小于 70% 。

（3）根据活性 CaO 含量划分。

根据 CaO 含量将粉煤灰分为:低钙灰（CaO 含量小于 10%）、中钙灰（CaO 含量为 10% ~ 19.9%）、高钙灰（CaO 含量大于 20%）。

当粉煤灰活性 CaO 含量小于 5% 时称为硅质粉煤灰,含量大于 5% 就可称为钙质粉煤灰。

1.2.3　矿渣粉的分类及其物理、化学指标

以粒化高炉矿渣为主要原料,掺加少量石膏磨制成一定细度的粉体,称作矿渣粉或矿粉。矿渣粉是一种新型的水泥掺合材料,其颗粒表面光滑致密,主要是由 CaO、MgO、SiO_2 和 Al_2O_3

组成,共占矿渣粉总量的95%以上,且具有较高的潜在活性,在激发剂的作用下,可与水化合生成具水硬性的胶凝材料。矿渣粉对水和外加剂吸附较少,有一定的物理减水作用。

根据矿渣的来源和性质,矿渣粉可以分为多种类型,如硅酸盐矿渣粉、铁矿渣粉、铜矿渣粉等。其中,硅酸盐矿渣粉是应用最广泛的一种,它是由高炉炉渣或电炉炉渣经过水淬、磨细等工艺处理而成的。硅酸盐矿渣粉具有较高的活性和水化产物的稳定性,可以显著提高混凝土的强度和耐久性。根据技术指标将矿渣粉分为S75、S95和S105三个级别。

矿渣粉的技术指标及试验方法应符合《用于水泥、砂浆和混凝土中的粒化高炉矿渣粉》(GB/T 18046—2017)的规定。矿渣粉的技术指标及试验方法见表1-7。

矿渣粉的技术指标及试验方法   表1-7

项目名称		单位	级别			试验方法标准
			S75	S95	S105	
密度		g/cm³	—	≥2.8	—	《水泥密度测定方法》(GB/T 208—2014)
比表面积		m²/kg	≥300	≥400	≥500	《水泥比表面积测定方法勃氏法》(GB/T 8074—2008)
活性指数	7d	%	≥55	≥75	≥95	《用于水泥、砂浆和混凝土中的粒化高炉矿渣粉》(GB/T 18046—2017)
	28d	%	≥75	≥95	≥105	
流动度比		%	≥95	≥90	≥85	
含水率		%	—	≤1.0	—	
烧失量		%	—	≤3.0	—	
氯离子		%	—	≤0.06	—	《通用硅酸盐水泥》(GB 175—2007)

矿渣粉的比表面积、活性指数和流动度比是矿渣粉应用中重要的技术指标,应尽量采用活性指数大、流动度比大的矿渣粉。矿渣粉的颗粒粒径对其活性有重要的影响,粒径大于45μm的矿渣粉颗粒很难参与水化反应。

1.2.4 钢渣等其他固废材料在道路工程中的应用

1.2.4.1 钢渣在道路工程中的应用

国内开展钢渣在道路基层的标准制定工作可追溯到20世纪90年代。《钢渣石灰类道路基层施工及验收规范》(CJJ 35—1990)从原材料、混合料设计、现场施工工艺、质量控制与验收标准等方面规定了钢渣石灰作为道路基层、底基层的要求。《钢渣混合料路面基层施工技术规程》(YBJ 230—1991)提出了钢渣在水泥、水泥粉煤灰、石灰粉煤灰(以下简称二灰)稳定混合料的技术要求,进一步拓展了钢渣在道路基层的应用范围。截至2022年底,道路钢渣基层标准体系已基本形成,涵盖了沥青混合料、水泥混凝土、无机结合料等原材料技术要求、混合料设计、设计参数、质量控制、施工工艺及验收标准等内容。

钢渣用作道路基层材料是实现钢渣大宗利用的主要途径。相比传统的二灰土、3∶7灰土和水泥稳定碎石基层而言,钢渣基层具有缓慢自硬性,还能改善混合料的抗干缩和抗裂性能。将钢渣替代碎石用于道路工程不仅可以减少钢渣对场地的占用,节约土地资源,还可以为道路工程提供廉价材料,有利于钢铁企业的可持续发展。

国内钢渣在道路基层的应用尚处于探索阶段,虽在不同等级公路均有实体工程,但铺筑的基层皆为示范路段且里程较短;同时,缺乏对实体工程路用性能和重金属浸出风险的长期观测和监测,钢渣基层耐久性和环保性基础数据严重不足,要实现钢渣规模化应用,仍然存在诸多关键问题亟待攻克。

1.2.4.2 粉煤灰在道路工程中的应用

粉煤灰是一种优良的道路工程材料,可用于各级公路路堤填筑,可用作基层或底基层的结合料,其应用在国内外已有大量的工程实例。早在20世纪60年代,美国等一些国家在混凝土路面工程中就掺加了粉煤灰,除早期强度略有降低外,路面其他性能均有提高。我国交通部早在1993年发布了《公路粉煤灰路堤设计与施工技术规范》(JTJ 016—93),对各级公路新建、改建的纯粉煤灰路堤工程的技术要求进行了规定,间隔土粉煤灰路堤或其他结构类似的粉煤灰回填工程可参照使用;在1997年发布了《港口工程粉煤灰填筑技术规程》(JTJ/T 260—97)、《港口工程粉煤灰混凝土技术规程》(JTJ/T 273—97),对粉煤灰用于港口工程中的回填使用进行了规定;近几年又发布了《公路路基施工技术规范》(JTG/T 3610—2019)、《公路路面基层施工技术细则》(JTG/T F20—2015),对于粉煤灰用于各级公路路堤填筑和用作基层或底基层的结合料的技术要求进行了具体规定。

粉煤灰用作道路材料,其要求、利用方式、利用方法和优缺点如表1-8所示。粉煤灰是良好的路用材料,其利用方式和利用方法简单,在道路工程中应用较广。和普通粉煤灰相比,经物理或化学处理的粉煤灰可以改变自身性质,提升路基、路面的强度,是更好的路用材料。此外,粉煤灰作为路用材料,对交通运输要求高,其使用过程中需要关注是否会产生环境污染。

粉煤灰作为道路材料的应用情况 表1-8

用途	要求	利用方式	利用方法	优点	缺点
路面基层	普通粉煤灰、高钙粉煤灰,通过0.6mm、0.075mm筛的灰量分别为98%和70%	掺入粉煤灰,以石灰和水泥为稳定剂、碎石和砂为集料应用到路面基层中	确定细集料和活化剂的最佳含量,粉碎硬块,现场搅拌,加水防止扬尘及早凝,压路机压实	降低砂石原料使用,增加浆体体积,保证基层的密实度和平整度	易发生水化反应,导致路面产生裂缝
路基填充	粉煤灰粒径控制在0.001~1.180mm,并且0.074mm以下颗粒在45%以上	粉煤灰自重轻,压缩比小、固结快,可直接作为路基材料	控制粉煤灰的粒径,摊铺粉煤灰,再进行压实、养护	加强路基的水稳性,提高路基填筑质量	粉煤灰储运要求高,易造成污染

续上表

用途	要求	利用方式	利用方法	优点	缺点
水泥混凝土路面	采用硅烷对辅助凝胶材料粉煤灰进行改性或用硅酸钠和氢氧化钠对粉煤灰进行碱性激发	对粉煤灰进行改性或碱激发,代替混凝土细集料或者水泥	混合筛分集料,对混凝土坍落度及抗压强度等性能进行测试,验证路用性能	节约细集料和水泥,增强混凝土路面的强度、抗渗性和密实性	实际工程影响因素较多,要对抗冻性、抗渗性和耐磨性进行研究
沥青混凝土路面	高钙粉煤灰、超高钙粉煤灰或氢氧化钠激发粉煤灰	用高钙粉煤灰或者碱激发粉煤灰代替沥青混凝土中的填料,与沥青、细集料和粗集料混合	对粉煤灰晾晒干燥后进行筛分,沥青、矿料和粉煤灰混合加热,最后进行摊铺、压实和养护	提高高温稳定性和低温抗裂性能,延长路面使用寿命	不宜作为快速路、主干路沥青路面填料,强度、耐磨性和抗冲击性降低

1.2.4.3　矿渣粉在道路工程中的应用

矿渣粉是经干燥、粉磨,达到相当细度且符合相当活性指数的粉体,其应符合《用于水泥、砂浆和混凝土中的粒化高炉矿渣粉》(GB/T 18046—2017) 要求,该标准将矿渣粉主要分为 S75、S95、S105 三个等级,为其大量推广应用提供了标准支撑。

由于矿渣粉具有潜在的水硬性,水化产物与水泥相同,在道路工程中主要用来稳定钢渣混合料,或作为掺合料制作混凝土路面,也有一些学者将矿渣粉用作沥青混合料填料。将矿渣粉与钢渣按一定比例混合加水拌和形成混合料,矿渣粉会激发钢渣的活性,随着时间延长形成具有一定强度的材料。矿渣粉能够提高道路垫层的致密性与整体性,当适量掺入到路面基层中时,能够有效提供基层的抗压强度、劈裂强度,基层的抗裂性能、抗冻性能也有不同程度的提高,相较于水泥稳定碎石,也能使基层弯沉指标得到改善。

德国相关研发部门认为,高炉矿渣在道路的地基方面具有较好的工程特性,可以作为铺路材料,用高炉矿渣铺就的道路具有承载力大、坚固性好、耐冰冻体积稳定性强、耐磨性好的优点。

1.3　煤矸石混合料

1.3.1　煤矸石混合料的种类

煤矸石混合料类型选择应根据当地现有固废种类、运输及生产条件、力学性能及耐久性能参数要求等,确定混合料原材料组成。由于结合料和煤矸石种类的不同,煤矸石混合料类型有多种。在道路工程中有过研究和应用的有:石灰、石灰和粉煤灰、水泥等作为稳定剂的煤矸石混合料,水泥稳定碎石-煤矸石混合料,电石渣钢渣煤矸石混合料,电石渣粉煤灰煤矸石混合料,石灰钢渣煤矸石混合料,矿粉钢渣煤矸石混合料,氢氧化钠矿粉钢渣煤矸石混合料和掘进煤矸石混合料等。

1.3.2 煤矸石混合料的研究及应用现状

对于煤矸石混合料在道路项目中的应用,国内外很多技术团队对此进行了长期持续的研究和实验,已经取得了一定的成果和经验,为相关项目的实践施工提供了参考和支持。

20 世纪 60 年代后期,英国运输部的研究员将自燃煤矸石直接用于道路底基层;美国、德国、荷兰等国家制订相关技术标准,根据标准指导煤矸石混合料的应用;德国 Ruhr 公路网、法国北部公路网和英国一些地区高速公路的基层、底基层采用煤矸石混合料。

从 20 世纪 80 年代开始,国内学者相继开展煤矸石混合料应用于路面基层的研究。

1.3.2.1 20 世纪 80 年代煤矸石混合料国内研究进程

王静选定石灰、石灰粉煤灰、水泥和石灰等来稳定矸石。通过室内试验的结果表明,利用结合料来稳定煤矸石可提高基层的耐久性和强度,弥补了煤矸石遇水易崩解的弱点,符合道路基层的技术要求。

1.3.2.2 20 世纪 90 年代煤矸石混合料国内研究进程

鲍明伟发现用石灰(或水泥)稳定的煤矸石整体性较好、弯拉强度较高,表明采用稳定自燃煤矸石修筑高等级公路的基层是可行的。

纪少双、赵庆余认为利用煤矸石、石灰等混合料可以作为黑色路面的基层,在强度上能满足技术要求。

阮炯同、李燕利用煤矸石代替砂石作道路基层混合料,结果表明利用煤矸石代替砂石作道路基层混合料能改善道路基层的结构和性能。

赵明宏等发现石灰土稳定煤矸石的路面基层有较好的板体性、抗冻性、稳定性和较高的建设质量。

何上军设计的石灰粉煤灰稳定煤矸石基层的强度和耐久性较好,并且造价低,成功将该煤矸石混合料应用于河南省焦作市丰收路路面基层的改扩建工程中。

1.3.2.3 21 世纪初至今煤矸石混合料国内研究进程

刘俊尧等结合多年石灰类稳定土研究的结果,确定 8 组煤矸石混合料配合比,研究表明煤矸石粉煤灰混合料的耐久性能优于常规基层材料,煤矸石混合料的强度能满足多种等级道路基层的要求。

许海玲等通过试验确定煤矸石混合料最佳配合比,并将该配比应用到试验路段中,路用效果表明路面整体强度符合设计要求。

陈杨军依据水泥稳定煤矸石混合料室内和现场试验的结果,发现其抗压强度及压实度满足要求,该混合料可用于高等级公路路面基层。

贾致荣等拟定 10 种不同石灰粉煤灰综合稳定煤矸石配合比,通过室内试验得到石灰粉煤灰比宜为 1∶2,研究表明煤矸石混合料可用于公路路面底基层。

王贵林等用水泥煤渣稳定自燃煤矸石和二灰稳定自燃煤矸石混合料的抗压强度较高,可以用于各级公路的基层、底基层。

李光对自燃和未燃两种煤矸石用作路面基层进行试验研究,分析煤矸石混合料的强度和耐久性能。试验结果表明,煤矸石混合料 7d 强度满足路面基层要求,且耐久性能较好,在东北季节性冰冻区也可以用于路面基层。

周梅等考虑二灰煤矸石由于原材料组成、配合比不当、煤矸石集料级配不合理造成粒料偏粗等问题,设计煤矸石混合料配比并测试各组的抗压强度,混合料的抗压强度均满足高等级公路基层和底基层的要求。

赵睿等采用电石灰(代替石灰)、激发剂和改性剂用废石膏,制备的废石膏改性电石灰粉煤灰稳定煤矸石能够满足低等级道路路面基层要求。

李明等通过室内试验研究水泥稳定碎石-煤矸石混合料的力学性能,结果表明该混合料满足高等级公路水泥稳定类基层、底基层强度要求。

钟帜旗通过掺加 S75 矿渣粉来解决煤矸石碎石的问题,结果表明可将煤矸石碎石应用于水泥稳定碎石路面基层施工。

刘逢涛等采用 2.36~13.2mm 煤矸石替代同粒径碎石,将 20~30mm、10~20mm、石粉同煤矸石设计 4 组配合比试验,研究 5.5% 水泥剂量稳定碎石-煤矸石混合料的 7d 无侧限抗压强度,通过多龄期抗压强度试验结果表明:煤矸石具有潜在水硬性和良好的体积稳定性,20~30mm 碎石含量为 28%~30% 时,2.36~13.5mm 煤矸石的利用率可达到 35%~40%,且 7d 抗压强度达到了 5MPa 以上,并且 28d、90d 的综合力学性能均能满足现行规范要求。

任亚伟用电石渣、粉煤灰来稳定煤矸石,研究表明煤矸石为集料夹掺电石渣、粉煤灰制备的混合料可满足各等级道路基层要求。

武昊翔对于煤矸石基层常用的水稳类和二灰稳定类进行配合比设计,结合实际工程应用验证了煤矸石在路面基层中应用的可行性。结果表明:两种类型材料强度均随龄期增长且与其他刚性稳定类材料增长规律类似,水稳类煤矸石混合料 90d 抗压回弹模量可达到 1100~1300MPa,二灰类煤矸石混合料 180d 回弹模量达到 1000~1200MPa。

李彩惠等依托河北邢台某矿区四级公路,选用矿区自有的煤矸石和粉煤灰为主要原材料,用石灰做结合料制成煤矸石混合料,并进行现场试验段的铺筑试验,结果表明,该工艺方案下的路面基层技术指标都符合相应验收标准要求,达到了较好的压实效果。

河北工程大学煤矸石混合料课题组自 2010 年开始,先后研究了河北邢台、邯郸地区煤矸石为原材料的石灰粉煤灰煤矸石混合料、石灰钢渣煤矸石混合料和矿粉钢渣煤矸石混合料等多种混合料路用性能和地基换填工程特性,试验结果表明各类混合料可用于各等级公路基层铺筑和地基换填工程,路用力学性能指标和耐久性能指标均可满足相关验收标准规定,地基换填的技术参数可以很好地满足设计要求,制订的铺(填)筑工艺均能较好满足现场施工要求。混合料成功应用于河北邢台、邯郸两地区的道路基层、场地回填和房屋地基换填工程中,至今应用效果良好。

综上所述,国内外研究发现无机结合料稳定煤矸石混合料具备较好的强度和耐久性。不同类型、不同材料性能、不同配合比的混合料可适用于各等级道路基层、底基层及不同要求的地基换填工程。

河南、河北和陕西等省及相关行业协会陆续编制、颁布了煤矸石混合料路面基层应用方面的规程和标准,如《掘进煤矸石路面基层材料应用技术规程》(T/CBCA 006—2020)和《煤矸石混合料路面基层应用技术规程》(T/HBJX 0005—2023)均已颁布施行,陕西省地方标准《煤矸石路面基层施工技术指南》和中国工业合作协会团体标准《煤矸石道路基层材料应用技术指南》也即将颁布。这些标准和指南的颁布施行将对煤矸石混合料路面基层应用起到较大的推动作用。

第 2 章

煤矸石混合料原材料特性

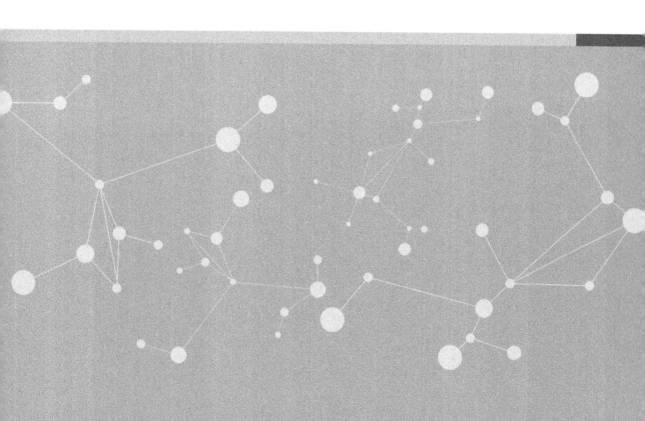

2.1 煤矸石的材料特性

煤矸石作为煤炭加工排放出来的工业废渣,因产地、加工工艺等条件的不同导致其化学成分及力学特性有所差异,需要根据煤矸石自身资源特性,进行煤矸石分类处理,确定合理的资源利用途径,把煤矸石转化为有用的物质,最大限度地利用煤矸石。

本书选用的煤矸石主要有两大类:其一来自邯郸市峰峰矿区自燃的红色煤矸石(以下简称煤矸石 A),见图 2-1a);其二来自邢台市东庞矿区自燃的灰黑色煤矸石(以下简称煤矸石 B),见图 2-1b)。以下分别对上述两种煤矸石进行物理、化学性质分析。

a)煤矸石A　　　　　　　　　　　　　　b)煤矸石B

图 2-1　两种煤矸石

2.1.1 物理性能

2.1.1.1 煤矸石的密度

根据《公路工程集料试验规程》(JTG E42—2005)(以下简称《集料规程》)中粗集料密度试验规定,选取 3 组平行的自燃煤矸石试样,测试其表观密度和堆积密度,试验结果如表 2-1所示。

煤矸石密度试验结果　　　　　　　　　　　　　表2-1

密度类别	煤矸石 A	煤矸石 B
表观密度(g/cm³)	2.40	2.15
堆积密度(g/cm³)	1.43	1.56

由表 2-1 可知,两种煤矸石表观密度和堆积密度与普通岩石接近,致密性较好,可以作为路面基层和地基换填等原材料使用。

2.1.1.2 煤矸石的颗粒级配

煤矸石由于地层条件和自燃程度不同,粒度分布范围较广且粒径大小不一,造成煤矸石具有一定的级配缺陷。为了准确判断粒径是否符合均匀分布的标准,通常要使用不均匀系数 C_u 和曲率系数 C_c 来分析级配情况。本书中分别选取两种煤矸石试样,按《集料规程》中粗集料筛分试验的规范要求,对自燃煤矸石进行筛分,筛分试验结果分别见表2-2和表2-3。

煤矸石 A 筛分试验结果　　　　　　　　　　　　　　表2-2

筛孔尺寸 (mm)	第一组(初始质量4000g)				第二组(初始质量4000g)				平均通过率 (%)
	过筛质量 (g)	筛余质量 (g)	累计筛余量 (g)	筛孔通过率 (%)	过筛质量 (g)	筛余质量 (g)	累计筛余量 (g)	筛孔通过率 (%)	
31.5	0	0	0	100.0	0	0	0	0	100.0
26.5	69.9	1.7	1.7	98.3	168.6	4.2	4.2	95.8	97.0
19	265.1	6.6	8.3	91.7	258.1	6.5	10.7	89.3	90.5
16	241.1	6.0	14.3	85.7	198.2	5.0	15.7	84.3	85.0
13.2	243.1	6.1	20.4	79.6	343.2	8.6	24.3	75.7	77.6
9.5	578.1	14.5	34.9	65.1	577.8	14.5	38.8	61.2	63.0
4.75	876.2	21.9	56.8	43.2	909.9	22.8	61.6	38.4	40.8
2.36	568.0	14.2	71.0	29.0	537.7	13.5	75.1	24.9	27.0
1.18	295.2	7.4	78.4	21.6	240.6	6.0	81.1	18.9	20.2
0.6	266.9	6.7	85.1	14.9	218.9	5.5	86.6	13.4	14.2
0.3	186.7	4.7	89.8	10.2	169.0	4.2	90.8	9.2	9.7
0.15	135.1	3.4	93.2	6.8	118.8	3.0	93.8	6.2	6.5
0.075	219.0	5.5	98.7	1.3	205.2	5.1	98.9	1.1	1.2
筛底	52.5	1.3	100.0	—	47.9	1.2	100.0	—	—
筛后质量(g)	3997				3996				
损耗(g)	3				4				
损耗率(%)	0.08				0.10				

煤矸石 B 筛分试验结果　　　　　　　　　　　　　　表2-3

筛分孔径 (mm)	筛余量 (g)	筛余百分数 (%)	累计筛余土质量 (g)	累计筛余百分数 (%)	累计过筛百分数 (%)
37.50	—	—	—	—	100.00
31.50	2385.92	12.74	2385.92	12.74	87.26
26.50	1615.70	8.63	4001.62	21.37	78.63
19.00	3435.36	18.35	7436.98	39.72	60.28
16.00	1485.94	7.94	8922.92	47.65	52.35
13.20	1427.69	7.62	10350.61	55.28	44.72

续上表

筛分孔径 （mm）	筛余量 （g）	筛余百分数 （%）	累计筛余土质量 （g）	累计筛余百分数 （%）	累计过筛百分数 （%）
9.50	1966.45	10.50	12317.06	65.78	34.22
4.75	2481.89	13.25	14798.95	79.03	20.97
2.36	1285.53	6.87	16084.48	85.90	14.10
1.18	396.49	2.12	16480.97	88.01	11.99
0.63	235.00	1.25	16715.97	89.27	10.73
0.30	598.22	3.19	17314.19	92.46	7.54
0.15	574.99	3.07	17889.18	95.53	4.47
0.075	475.00	2.54	18364.18	98.07	1.93
筛底	361.15	1.93	—	100.00	0.00
总质量	18725.33	—	18725.33	—	—

注：煤矸石 A、B 的筛分试验时间不同，执行的试验规程的现行标准略有不同。

根据表 2-2 和表 2-3 结果，按式（2-1）和式（2-2），计算出 C_u 和 C_c 的具体数值（表 2-4）。

不均匀系数：
$$C_u = \frac{d_{60}}{d_{10}} \tag{2-1}$$

式中：C_u——不均匀系数；

d_{60}——限制粒径，颗粒大小分布曲线上的某粒径，小于该粒径的土含量占总质量的 60%；

d_{10}——有效粒径，颗粒大小分布曲线上的某粒径，小于该粒径的土含量占总质量的 10%。

煤矸石不均匀系数与曲率系数　　　表 2-4

级配指标	煤矸石 A		煤矸石 B	
	C_u	C_c	C_u	C_c
测试结果	29.10	2.45	17.03	2.28

曲率系数：
$$C_c = \frac{d_{30}^2}{d_{60}d_{10}} \tag{2-2}$$

式中：C_c——不均匀系数；

d_{30}——颗粒大小分布曲线上的某粒径小于该粒径的土的含量占总质量的 30%。

由表 2-4 可知，曲率系数 C_c 均在 1~3 范围内，不均匀系数 C_u 均大于 5。说明两种煤矸石集料粒径齐全，分布连续，粒料分布不均匀，可用于路基与路面基层中。

需要注意，煤矸石的不均匀系数 C_u 远大于 5，说明大颗粒及细粉颗粒相对较多，中颗粒偏少。特别是红色煤矸石，由于堆放时间长，自燃过程中煤矸石已经粉化。据此在进行混合料的制备过程中，可适当提高中颗粒的补充，以得到更好的骨料级配。

2.1.1.3　煤矸石的压碎值

压碎值是指一定级配的粗集料受到竖直压力时,防止压碎的能力。试验参照《集料规程》,分别选取两种煤矸石烘干后,进行过筛处理,将9.5～13.2mm粒径部分放入测定仪中,进行压碎值试验,压碎值结果如表2-5所示。

煤矸石压碎值试验结果　　　　　　　　　　　　表2-5

煤矸石类别	组号	干试样质量 (g)	过筛质量 (g)	压碎值 (%)	平均值 (%)
煤矸石 A	1	2370	701.5	29.60	29.86
	2	2370	704.8	29.74	
	3	2370	716.8	30.24	
煤矸石 B	1	2570	759	29.51	29.64
	2	2575	770	29.90	
	3	2573	760	29.52	

由表2-5可知,两种煤矸石的压碎值大致相同,均小于30%,可以在路面基层中应用。

2.1.1.4　煤矸石的耐崩解性

煤矸石耐崩解性试验是用来评价煤矸石经过两次干燥和湿润标准循环之后,抵抗软化及崩解的能力。根据《公路工程岩石试验规程》(JTG E41—2018)的相关试验方法,从煤矸石堆上随机挑选符合试验要求的煤矸石块,测定煤矸石的耐崩解性(表2-6)。

煤矸石内崩解性试验结果　　　　　　　　　　　表2-6

煤矸石类别	试样编号	崩解前 (g)	崩解后 (g)	崩解性指数 (%)	平均值 (%)
煤矸石 A	1	617.4	588.9	95.4	95.1
	2	579.6	548.8	94.7	
煤矸石 B	1	520.62	518.34	99.2	97.25
	2	501.76	494.13	95.3	

对比耐崩解能力分类可以看出(表2-7),两种煤矸石耐崩解指数为高等级,耐崩解性能良好。

耐崩解能力分类　　　　　　　　　　　　　　表2-7

崩解能力等级	很低	低	中等	中高	高	很高
耐崩解指数范围 I_d(%)	<30	30～60	60～85	85～95	95～98	>98

2.1.1.5　自由膨胀率

自由膨胀率是反应石料的膨胀性指标之一,与石料本身的化学成分及其存放环境有一定的关系。煤矸石是含有膨胀性物质的一种碎石,在潮湿寒冷的季节,遇水极易发生膨胀,从而引起路面的变形,影响道路正常使用。按照《公路土工试验规程》(JTG 3430—2020),分别选取两种煤矸石测试其膨胀率,测试结果见表2-8。

煤矸石自由膨胀率试验结果　　　　　　　　　　　　　　　　　表2-8

煤矸石类别	试验编号	试样质量 (g)	试样体积 (mL)	稳定后体积 (mL)	自由膨胀率 (%)	平均值 (%)
煤矸石 A	1	9.64	10	10.9	9	10
煤矸石 A	2	9.67	10	11.1	11	10
煤矸石 B	1	10.51	10	1.7	17	19
煤矸石 B	2	10.59	10	2.1	21	19

两种煤矸石的自由膨胀率平均值均不大于20%,可以用于路基、路面基层和地基换填等工程。

2.1.2　化学性能

煤矸石的化学性质是评价煤矸石的特性、决定其利用途径、指导其生产的重要指标之一。

2.1.2.1　煤矸石的化学成分

煤矸石种类繁多,成分复杂,其构成元素多达数十种,主要由 Al_2O_3、SiO_2、Fe_2O_3 等组成,还含有 CaO、MgO 等及微量元素。煤矸石的化学组成是决定其进行综合利用的一项重要指标,直接影响其作为无机结合料的强度。两种煤矸石化学组分测试见表2-9。

煤矸石化学组分(%)　　　　　　　　　　　　　　　　　表2-9

煤矸石类别	Fe_2O_3	CaO	SiO_2	Al_2O_3	其他
煤矸石 A	5.72	18.72	45.91	21.21	8.44
煤矸石 B	3.76	30.23	49.60	13.49	2.92

2.1.2.2　烧失量

烧失量是将烘干后的煤矸石试样在特定的高温环境下进行灼烧,灼烧后损失的质量与原始试样质量的比值,通常以百分数的形式表示。烧失量越小,代表试样的体积越稳定。根据《煤矸石烧失量的测定》(GB/T 35986—2018)中试验方法,测得煤矸石 A 烧失量为10.33%,煤矸石 B 烧失量为13.62%。煤矸石 A 自燃时间较煤矸石 B 时间长,故烧失量小,体积更稳定。

2.2 ▶ 石灰的材料特性

试验中选用的石灰包括生石灰及消石灰两种,两种均为钙质石灰,按其有效成分含量检测结果见表2-10。根据《公路沥青路面设计规程》(JTG D50—2019)(以下简称《设计规程》)中石灰钙镁含量滴定法进行试验,按式(2-3)计算石灰有效氧化钙和氧化镁的含量。石灰技术标准分类见表2-11和表2-12。

$$X = \frac{V_5 \times N \times 0.028}{m} \times 100 \tag{2-3}$$

式中:X——石灰的钙镁含量(%);

V_5——盐酸消耗的体积(mL);

N——盐酸摩尔浓度(mol/L);

m——样品质量(g)。

石灰钙镁含量滴定结果　　　　　　　　　　　　　　　　表 2-10

石灰种类	石灰类别	试验编号	石灰质量 (g)	盐酸体积		盐酸消耗量 V_5 (mL)	钙镁含量 (%)	平均值 (%)
				V_3 (mL)	V_4 (mL)			
1	生石灰	1	0.9101	1.0	13.5	12.5	36.9	36.1
		2	0.8827	13.6	25.2	11.6	35.3	
2	消石灰	1	0.9859	1.3	26.5	25.2	65.2	64.3
		2	0.9774	1.3	25.6	24.3	63.4	

注:以上两种石灰产地、种类不同。

生石灰技术要求　　　　　　　　　　　　　　　　　　表 2-11

指标	钙质生石灰			镁质生石灰		
	Ⅰ	Ⅱ	Ⅲ	Ⅰ	Ⅱ	Ⅲ
有效氧化钙加氧化镁含量(%)	≥85	≥80	≥70	≥80	≥75	≥65
未消化残渣含量(%)	≤7	≤11	≤17	≤10	≤14	≤20
钙镁石灰的分类界限,氧化镁含量(%)	≤5			>5		

消石灰技术要求　　　　　　　　　　　　　　　　　　表 2-12

指标		钙质消石灰			镁质消石灰		
		Ⅰ	Ⅱ	Ⅲ	Ⅰ	Ⅱ	Ⅲ
有效氧化钙加氧化镁含量(%)		≥65	≥60	≥55	≥60	≥55	≥50
含水率(%)		≤4	≤4	≤4	≤4	≤4	≤4
细度	0.60mm 方孔筛筛余(%)	0	≤1	≤1	0	≤1	≤1
	0.15mm 方孔筛筛余(%)	≤13	≤20	—	≤13	≤20	—
钙镁石灰的分类界限,氧化镁含量(%)		≤4			>4		

由表 2-10～表 2-12 可知,试验所用的生石灰为当地市场大量销售的石灰,其有效成分含量较低,属于Ⅲ级以下钙质生石灰;所用的消石灰是试验人员自行消解的石灰,有效成分较高,可达到Ⅱ级钙质消石灰标准。

2.3 钢渣的材料特性

2.3.1 物理性能

钢渣选用邯郸市某钢渣厂产出的钢渣,整体呈灰黑色,质地松散不黏结,孔隙较少,表观密度为 2.84g/cm³。

2.3.1.1 钢渣的颗粒级配

钢渣粒径选取范围为 4.75mm 以下,其级配筛分结果如表 2-13 所示。

钢渣颗粒级配组成　　　　表 2-13

筛孔尺寸(mm)		9.5	4.75	2.36	1.18	0.6	0.3	0.15	0.075
通过率 (%)	1	100.0	92.2	66.1	41.8	22.3	12.6	6.9	2.1
	2	100.0	93.7	69.3	42.7	20.5	10.5	5.4	1.5

2.3.1.2 钢渣的浸水膨胀率

钢渣中含有游离的 CaO,在水的作用下,钢渣体积将出现一定程度的膨胀,稳定性也会下降。为了避免此类问题,在加入钢渣之前,必须要重点分析钢渣的膨胀性能,测定其膨胀率的具体数值,从而判断是否符合标准。参照《钢渣稳定性试验方法》(GB/T 24175—2009),通过室内重型击实方法成形,选取 3 组平行试样,浸泡在 90℃水浴箱中,观察并记录钢渣 10d 的浸水膨胀变化,试验结果如表 2-14 和图 2-2 所示。

钢渣 10d 浸水膨胀率(%)　　　　表 2-14

试样	时间(d)										
	0	1	2	3	4	5	6	7	8	9	10
A	0	0.28	0.54	0.71	0.82	0.92	1.01	1.13	1.25	1.34	1.43
B	0	0.30	0.63	0.83	0.98	1.11	1.12	1.30	1.37	1.53	1.66
C	0	0.30	0.59	0.78	0.90	1.00	1.11	1.28	1.47	1.60	1.72

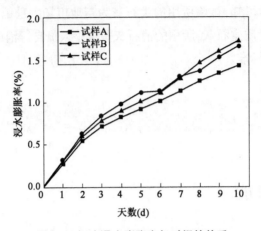

图 2-2　钢渣浸水膨胀率与时间的关系

　　由表 2-14 可知,三组钢渣试样的浸水膨胀率及平均浸水膨胀率均小于 2%,满足路用钢渣稳定性要求,可应用于路面基层。由图 2-2 可知,钢渣膨胀率随着天数的增加而增加,前三天时间,钢渣浸水膨胀率呈线性增加,三天以后,增长速率慢慢变缓但未稳定。

2.3.2　化学性能

　　钢渣主要是由铁、锰、硅等杂质氧化产生的氧化物构成,因钢铁的原料、排放及生产工艺不同,导致其化学成分有一定差异。本试验选用邯郸市某钢渣厂细钢渣进行化学组成分析,分析结果如表 2-15 所示。

钢渣主要化学组成(%)　　　　　　　　　　　　　　　表 2-15

化学组成	CaO	Al_2O_3	SiO_2	TFe	MgO	P_2O_5	MnO	SO_3
含量	39.1	7.5	10.6	9.3	5.7	1.4	2.1	0.6

　　由表 2-15 可知,钢渣中化学成分主要以 CaO 为主,其含量占化学组成的 39.1%,其他还有 Ca、Si、Al、Te 和 Mg 等组成元素。

2.4 ▶ 粉煤灰的材料特性

2.4.1　颗粒细度

　　粉煤灰是细小微珠状颗粒,根据《公路沥青路面设计规程》(JTG D50—2017)(以下简称《设计规程》)要求,对粉煤灰进行细度筛分测试;取烘干粉煤灰试样约 100g,至于 0.075mm 方孔筛内,按照《公路工程无机结合料稳定材料试验规程》(JTG E51—2009)(以下简称《无机规程》)T 0818—2009 中的方法对粉煤灰细度进行测定。

粉煤灰通过百分含量:

$$X_1 = \frac{m_2 - m_1}{m_2} \times 100$$

式中:X_1——粉煤灰通过百分率(%);

m_1——0.075mm 方孔筛筛余质量(g);

m_2——过 0.075mm 方孔筛的粉煤灰试样质量。

经测试,试验所用粉煤灰 0.075mm 方孔筛通过率为 64.66%,满足《设计规程》中粉煤灰细度通过率大于 60% 的要求。

2.4.2　粉煤灰的烧失量

粉煤灰内可能含有未完全燃烧的有机物,按《无机规程》中相关的试验方法对粉煤灰烧失量进行测定,试验所使用的烧失量为 19.50%,满足《设计规程》中小于 20% 的要求。

2.4.3　化学成分

粉煤灰含有大量的 SiO_2、Al_2O_3、Fe_2O_3 等氧化物,在碱性激发剂的作用下会发挥火山灰活性,生成具有一定水硬性的胶凝物质,所以氧化物的含量将对煤矸石混合料的性能产生影响,按照《无机规程》中相关的试验方法对粉煤灰进行取样和成分分析,结果见表 2-16。

粉煤灰化学成分(%)　　　　　　　　　　　表 2-16

化学组分	CaO	SiO_2	Al_2O_3	Fe_2O_3	其他
含量	11.10	54.08	27.83	4.08	2.91

粉煤灰 SiO_2、Al_2O_3、Fe_2O_3 含量总量满足《设计规程》对 SiO_2、Al_2O_3、Fe_2O_3 含量大于 70% 的要求。

2.5　矿渣粉的材料特性

试验所用矿渣粉(简称矿粉)为邯郸市金隅太行建材有限公司的 S95 级粒化高炉矿渣粉。技术性能指标见表 2-17,其各项性能均可满足《用于水泥、砂浆和混凝土中的粒化高炉矿渣粉》(GB/T 18046—2017)的技术要求,化学成分含量如表 2-18 所示。

矿渣粉性能指标   表 2-17

技术指标	密度 (g/cm³)	比表面积 (m²/kg)	氯离子 (%)	初凝时间比 (%)	流动度比 (%)	不溶物 (%)	烧失量 (%)	活性指数(%)	
								7d	28d
实测结果	2.88	556	0.03	119	101	0.02	0.8	80	103
规范要求	≥2.8	≥400	≤0.06	≤200	≥95	≤3.0	≤3.0	≥70	≥95

矿粉化学组分(%)   表 2-18

化学组分	CaO	SiO₂	AL₂O₃	MgO	SO₃	Fe₂O₃	TiO₂	其他
含量	39.47	33.98	15.18	7.77	0.028	0.77	0.71	2.09

第 3 章

石灰钢渣煤矸石混合料
路用性能研究

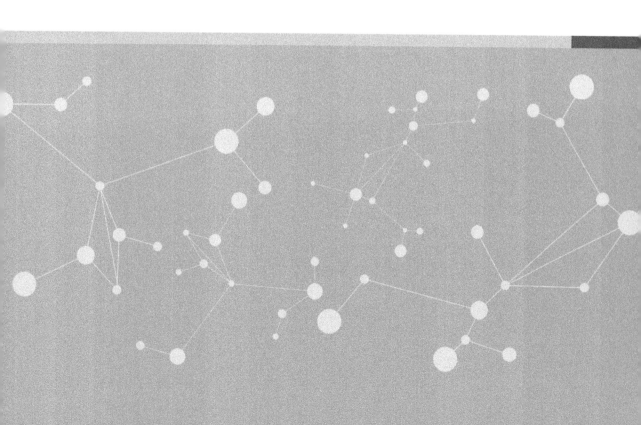

随着我国经济的可持续发展,公路工程建设对道路材料的质量需求逐渐提高。本章提出以煤矸石、钢渣工业固废代替传统砂石,以石灰作为碱激发剂,制备石灰钢渣煤矸石路面基层混合料,并对此新型混合料路用性能进行分析,以此拓宽工业固废利用的思路,减少环境污染,解决工程建设中取土困难等问题。

3.1 混合料原材料组成的确定

煤矸石路面基层混合料组成的确定,以传统稳定材料为基础,以煤矸石替代传统砂石来进行配制。具体要考虑以下内容:

3.1.1　煤矸石种类的确定

由于自燃煤矸石含有大量的活性成分,在碱性材料的激发下,可以发生一定的化学反应,故选用自燃煤矸石。

3.1.2　石灰碱激发剂的选择

由于环保的要求,石灰的生产受到一定的限制,现在市面上容易获取的生石灰的有效氧化钙(CaO)、氧化镁(MgO)通常较低,高等级石灰成本较高,考虑市场因素,使用Ⅲ级以下生石灰。

3.1.3　其他材料的选择

由于选择的生石灰等级较低,其有效 CaO 含量较少,无法充分激发煤矸石中的活性成分致使混合料强度不足。为解决这一问题,经调研和试验分析,工业固废钢渣中含一定量的 CaO,故选择加入钢渣来进行补充。因此,钢渣在混合料中既充当骨料代替砂石,又在一定程度上起到了碱激发剂的效果。需要注意的是:(1)虽然钢渣中 CaO 较多,但由于颗粒内部的 CaO 无法析出,因此只有游离氧化钙($f\text{-}CaO$)能够与煤矸石中的化学成分发生反应;(2)钢渣中的 $f\text{-}CaO$ 是钢渣膨胀的主要原因,也是钢渣能否用于路面基层的主要制约因素;(3)钢渣颗粒对整个混合料的颗粒级配有一定的影响,需与煤矸石颗粒级配联合考虑选择其颗粒范围。本章所用煤矸石混合料中所用的钢渣为 4.75mm 以下细颗粒钢渣,既能够有效释放出 CaO,同时补充了煤矸石颗粒级配上的不足,具体级配详见本书第 2 章。

综上所述,本章所述的石灰钢渣煤矸石路面基层混合料材料为:红色自燃完全的煤矸石、4.75mm 以下细颗粒钢渣、Ⅲ级以下生石灰。各组成材料的物理、化学性能详见第 2 章。

3.2 ▶ 配合比设计

3.2.1 均匀试验设计

均匀试验设计是由中国科学院应用数学所方开泰教授和王元教授提出的一种研究诸多影响因素的试验设计方法,是由蒙特卡罗法和数论方法的一个应用,是一种试验设计方法。

试验设计是以概率论和数理统计为理论基础,经济、科学、合理地安排试验的一项技术。试验设计首先是在试验研究范围内合理地选择一些试验点,然后通过试验得到相应的试验结果,最后采用数理统计的方法对试验结果进行分析,以找出能够让试验结果达到最优的试验条件。试验设计也是希望尽可能地用最少的试验量,取得关于试验研究尽可能多的试验信息,在多因素多水平的试验设计中,均匀试验设计可以较好地达到这个设计目标。

均匀设计表是均匀试验设计过程中对试验因素及因素水平进行排布的基本工具,它是采用数学论方法编制的;每一个均匀设计表的代号为 $U_n(q^m)$ 或者 $U_n^*(q^m)$,由 n 行、m 列组成,每一列都是 $1,2,\cdots,n$ 的一种全排列组合(混合水平设计稍有不同);每一行是 m 个因素中每一个因素的不同水平序号的一个组合,U 表示均匀设计;n 表示根据本均匀设计表设计试验时的试验次数(配方均匀设计稍有不同),q 表示试验设计时因素(或变量)的水平数,m 表示该表的列数(实际中往往代表因素数),配合相应的均匀设计使用表使用。

均匀设计表中的均匀性是用"偏差 D"来度量的,偏差 D 越小,说明均匀性越好;为了提高均匀度,只选用其中部分列来安排试验。

本章混合料的配合比设计采用均匀设计方法,确定影响混合料性能的因素,结合各掺合料的掺量范围确定相应的水平数,进而确定最终混合料的配合比方案。

3.2.2 配合比试验方案

3.2.2.1 均匀设计表确定

(1)因素的确定。

本章研究的混合料为煤矸石、钢渣、石灰三种材料。采用基准配合比,将原本的 3 因素试验转变为 2 因素试验,可以大大减少试验数量。以混合料中石灰、钢渣占煤矸石掺量的比值为因素,即煤矸石:石灰:钢渣 $=1:x_1:x_2$。

（2）掺量范围确定。

依据前期预试验结果,考虑以下因素,确定各材料掺量范围如下:

①本着最大化利用煤矸石等工业固废的原则,确定以煤矸石作为混合料主要原材料,占比大于 65%；

②考虑钢渣的膨胀性,确定钢渣质量百分比占煤矸石混合料 30% 以下；

③考虑石灰的成本,确定石灰质量百分比在 3% ~ 12% 之间。

根据上述掺量范围,按相对煤矸石的质量比调整后,最终确定石灰 $x_1 \in [0.040, 0.160]$,钢渣 $x_2 \in [0.100, 0.450]$。结合均匀设计表,选择 6 水平。

本试验配合比试验为 2 因素 6 水平,选用均匀设计表 $U_6^*(6^4)$,见表 3-1。

$U_6^*(6^4)$ 均匀设计表　　　　表 3-1

水平	因素			
	1	2	3	4
1	1	2	3	6
2	2	4	6	5
3	3	6	2	4
4	4	1	5	3
5	5	3	1	2
6	6	5	4	1

3.2.2.2　均匀试验配合比设计

参照 $U_6^*(6^4)$ 均匀设计表,确定试验配合比,由其使用表 3-2 可知,当因素数 S 为 2 时,选用第 1 列和第 3 列的顺序,显著性系数为 0.1875,偏差值最小。确定均匀试验设计 x_1、x_2 取值如表 3-3 所示。将 $1 : x_1 : x_2$ 按照总质量进行折算后,最终的试验配合比见表 3-4。

$U_6^*(6^4)$ 均匀设计表使用表　　　　表 3-2

S	列数				D
2	1	3	—	—	0.1875
3	1	2	3	—	0.2656
4	1	2	3	4	0.2990

煤矸石混合料均匀设计方案　　　　表 3-3

组别	石灰（%）	钢渣（%）	煤矸石（%）
1	8.8	10.0	100.0
2	16.0	17.0	100.0
3	6.4	24.0	100.0
4	13.6	31.0	100.0
5	4.0	38.0	100.0
6	11.2	45.0	100.0

煤矸石混合料具体配合比　　　　　　表 3-4

组别	石灰(%)	钢渣(%)	煤矸石(%)
1	7.41	8.42	84.17
2	12.03	12.78	75.19
3	4.91	18.41	76.68
4	9.41	21.44	69.15
5	2.82	26.76	70.42
6	7.17	28.81	64.02

3.3 石灰钢渣煤矸石混合料力学性能研究

　　路面基层混合料主要力学性能包括：无侧限抗压强度、抗压回弹模量、劈裂抗拉强度。本节根据均匀试验原理，按表 3-4 配合比进行试验，并对试验结果进行回归分析，提出原材料掺量与混合料各个力学性能的回归方程，为路面基层设计及施工提供参考。

3.3.1 力学性能试验方案

　　根据《公路路面基层施工技术细则》(JTG/T F20—2015)，选择煤矸石最大粒径为 31.5mm，试验试块为 150mm × 150mm 的圆柱形试块。每组配合比的无侧限抗压强度、回弹模量、劈裂强度试块最低数量分别为 13 块、15 块、13 块。

　　根据《公路路面基层施工技术细则》(JTG/T F20—2015)中基层材料压实标准(表 3-5)，本章混合料技术指标参考石灰粉煤灰稳定类材料技术要求确定压实度。为满足高速公路和一级公路基层的要求，试验过程中控制混合料试件压实度为 0.98。

基层材料压实标准(%)　　　　　　表 3-5

部位	公路等级		水泥稳定材料	石灰粉煤灰稳定材料	水泥粉煤灰稳定材料	石灰稳定材料
基层	高速公路和一级公路		≥98	≥98	≥98	—
	二级及二级以下公路	稳定中、粗颗粒	≥97	≥97	≥97	≥97
		稳定细粒材料	≥95	≥95	≥95	≥95
底基层	高速公路和一级公路	稳定中、粗颗粒	≥97	≥97	≥97	≥97
		稳定细粒材料	≥95	≥95	≥95	≥95
	二级及二级以下公路	稳定中、粗颗粒	≥95	≥95	≥95	≥95
		稳定细粒材料	≥93	≥93	≥93	≥93

所有试块均在其最佳含水率条件下成形,各配合比的最佳含水率及最大干密度经实验测得结果见表3-6。按照规程采用静压成型法成形,静压成形设备为微机控制电子万能试验机,成形后按照规程养护条件对试块进行养护。

煤矸石钢渣石灰混合料击实试验结果　　　　表3-6

配合比编号	1	2	3	4	5	6
最佳含水率(%)	12.6	10.8	12.9	10.6	10.7	10.7
最大干密度(g/cm³)	1.963	1.990	2.016	2.067	2.134	2.173

3.3.2　无侧限抗压强度试验及分析

3.3.2.1　无侧限抗压强度试验

无侧限抗压强度是在试件侧边加以限制的条件下,对其不断施加轴向压力,以求得试件达到的极限强度。按照试验规程,达到养生期的前一天,将试件浸入水中24h后取出,用毛巾擦拭表面的水分,对其高度、质量进行精准测量。试验设备为路面材料强度试验仪,采用位移控制,加载速率控制在1mm/min。

无侧限抗压强度按式(3-1)计算。

$$R_c = \frac{P}{A} \tag{3-1}$$

式中:R_c——无侧限抗压强度(MPa);

　　　P——试件承受的最大压力(N);

　　　A——试件的截面积(mm^2):

$$A = \frac{1}{4}\pi D^2$$

　　　D——试件的直径(mm)。

对结果进行整理,采用3倍均方差的法则,剔除数据中的异常值。各组配合比无侧限抗压强度如表3-7所示,变异系数均低于大试件试验规定值15%。

混合料7d无侧限抗压强度　　　　表3-7

配合比组号	1	2	3	4	5	6
无侧限抗压强度(MPa)	3.3	2.0	2.4	2.1	2.7	3.5
变异系数(%)	8.2	8.0	11.4	14.0	12.6	14.6

3.3.2.2　试验现象及结果分析

(1)试验现象。

用于无侧限抗压强度的试件,其试件破坏主要分为三个阶段,过程如图3-1所示。

①初始阶段:试块竖向受压变形相对较快,荷载值相对较小,如图 3-1a)所示;

②弹性阶段:荷载增加相对增快,随着荷载的增加,首先在试块中间大约 1/3 高度范围内出现竖向裂缝,随着荷载继续增加,第一条竖向裂缝逐渐变宽变长,试块周身其他位置陆续有微小竖向裂缝产生,荷载变形曲线近似直线,如图 3-1b)所示;

③破坏阶段:试块竖向变形速度加快,出现部分横向裂缝,部分材料掉落,当荷载值达到峰值后,荷载值缓慢减小,变形快速增长,试块发生破坏,如图 3-1c)所示。

a)初始阶段　　　　　　　　　b)弹性阶段　　　　　　　　　c)破坏阶段

图 3-1　试验现象

(2)回归分析。

①多项式逐步回归。

运用 Matlab R2020a,基于 7d 无侧限抗压强度,以石灰掺量 x_1、钢渣掺量 x_2 为自变量,7d 无侧限抗压强度 R_c 为因变量,进行多项式逐步回归,运行结果见图 3-2。

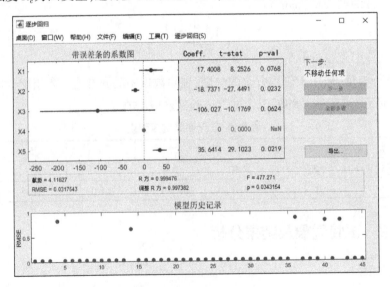

图 3-2　逐步回归运行结果

由图 3-2 可知,7d 无侧限抗压强度回归方程显著项为 X1、X2、X3、X5 项,对应的多项式为 x_1、x_2、$x_1{}^2$、$x_2{}^2$ 项。根据运行结果,设无侧限抗压强度的回归方程为:

$$R_c = b_0 + b_1 x_1 + b_2 x_2 + b_3 x_1{}^2 + b_5 x_2{}^2 \qquad (3-2)$$

其中,b_0、b_1、b_2、b_3、b_5 为多项式的回归系数。代入相关数据,建立混合料 7d 无侧限抗压强度的回归模型:

$$R_c = 17.4008 x_1 - 18.7371 x_2 - 106.127 x_1{}^2 + 35.6414 x_2{}^2 + 4.1163 \qquad (3-3)$$

混合料 7d 无侧限抗压强度的变化曲线如图 3-3 所示。

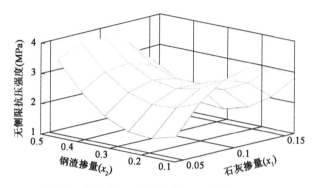

图 3-3　混合料 7d 无侧限抗压强度的变化曲线

②显著性分析。

对混合料 7d 无侧限抗压强度进行显著性分析,其结果如表 3-8 ~ 表 3-10 所示。

回归系数检验表 　　　　　　　　　　　　　　　　　　表 3-8

来源	非标准化系数 B	T 检验值	显著性 P 值
常数项	4.1163	—	—
x_1	17.4008	8.2526	0.0768
x_2	-18.7371	-27.4491	0.0232
$x_1{}^2$	-106.027	-10.1769	0.0624
$x_1{}^2$	35.6414	29.1023	0.0219

由表 3-8 可知,回归系数中各项系数的 T 检验值的绝对值均大于 2,显著性 P 值均小于 0.1,表明回归系数结果显著。

方差分析 　　　　　　　　　　　　　　　　　　表 3-9

回归方程	方程来源	平方和	自由度	均方差	F 检验值	显著性 P 值
R_c	回归	1.9250	4	0.4813	477.271	0.0343
	剩余	0.0012	1	0.0012		
	总和	1.9262	5	—		

由图 3-3 和表 3-9 可知,回归方程的复相关系数 $R^2 = 0.9995$,检验值 $F = 477.271 > F_{0.05}(4,1)$,显著性结果 $P = 0.0343 (<0.05)$。表明自变量 x_1、x_2 与因变量 R_c 之间存在很大的相关性,故回归方程非常显著。

试验残差分析　　　　　　　表 3-10

组号	实测值	回归值	残差	标准残差
1	3.30	3.31	-0.01	-0.6455
2	2.04	2.03	0.01	0.6455
3	2.37	2.35	0.02	1.2909
4	2.12	2.14	-0.02	-1.2909
5	2.66	2.67	-0.01	-0.6455
6	3.53	3.52	0.01	0.6455

由表 3-10 可知,抗压强度的实测值与回归值差异非常小,且所有点的标准化残差均满足(-2,2)。表明逐步回归建立的二次多项式方程是理想的。

③混合料各掺量对抗压强度的影响分析。

由图 3-3 可以看出,在试验所定掺量范围内,混合料 7d 无侧限抗压强度最大值为 3.6MPa,最小值为 1.7MPa。

将式(3-3)分别对 x_1、x_2 求偏导,得到式(3-4)和式(3-5)。

$$\frac{\partial R_c}{\partial x_1} = 17.4008 - 212.054x_1 \tag{3-4}$$

$$\frac{\partial R_c}{\partial x_2} = -18.7371 + 71.2828x_2 \tag{3-5}$$

由图 3-3 及式(3-4)可知,在混合料所定区间内,当石灰掺量 $x_1 \in [0.040, 0.082]$ 时, $\frac{\partial R_c}{\partial x_1} > 0$,故无侧限抗压强度随着石灰掺量 x_1 的增加而增加;当石灰掺量 $x_1 \in [0.082, 0.160]$ 时, $\frac{\partial R_c}{\partial x_1} \leq 0$,无侧限抗压强度随着石灰掺量 x_1 的增加而逐渐减小。

由图 3-3 及式(3-5)可知,在混合料所定区间内,当钢渣掺量 $x_2 \in [0.100, 0.263]$ 时, $\frac{\partial R_c}{\partial x_2} < 0$,故随着钢渣掺量 x_2 的增加,抗压强度 R_c 逐渐减小;当钢渣掺量 $x_2 \in [0.263, 0.450]$ 时, $\frac{\partial R_c}{\partial x_2} \geq 0$,随着钢渣掺量 x_2 的增加,抗压强度 R_c 逐渐增加。

3.3.3　抗压回弹模量试验及分析

3.3.3.1　抗压回弹模量试验

抗压回弹模量是路面基层结构设计的重要参数。本章采用顶面法,对煤矸石混合料的抗变形能力进行测定分析。

　　试验前采用水泥净浆将试件的两个端面抹平,并在表面放置 0.25～0.5mm 的细砂,用直径超过试件的平面圆形钢板,对其进行整平操作,抹面试件如图 3-4 所示。

　　按照《无机规程》T 0808—1994 试验操作标准,采用分级加载的方式进行,将试件竖直放置在万能压力机上,整平对齐后,沿着对角线的方向,安置两个千分表,并进行调零(图 3-5)。两次预加载结束后,等待 1min,然后将千分表的读数归零。选用 0.7MPa 作为单位压应力,并将其均分 6 等份,作为每次施加的压力值。施加第 1 级荷载后,静压 1min,记录千分表读数,同时卸去荷载,待试件弹性逐步恢复稳定,0.5min 后记录千分表读数,然后施加第 2 级荷载,按照以上流程,循环往复,直至统计出最后一级荷载条件下呈现出的回弹变形。

图 3-4　试件抹面

图 3-5　抗压回弹模量试验

　　每一级荷载下的回弹变形 l 按式(3-6)计算:

$$l = 加载时读数 - 卸载时读数 \tag{3-6}$$

　　计算基层抗压回弹模量,基于最小二乘法进行数据分析,以单位压力 p 为横坐标,回弹变形值 l 为纵坐标,建立 $p\text{-}l$ 的关系曲线,结合两者的数值,计算出抗压回弹模量,拟合曲线如图 3-6 所示。

　　试件的抗压回弹模量按式(3-7)计算:

$$E_c = \frac{ph}{l} \tag{3-7}$$

式中:E_c——抗压回弹模量(MPa);

　　　　p——单位压力(MPa);

　　　　h——试件高度(mm);

　　　　l——试件回弹变形(mm)。

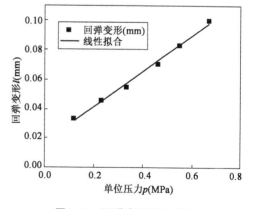

图 3-6　回弹变形关系曲线

　　抗压回弹模量用整数表示,变异系数满足 $C_v \leqslant 15\%$,试验结果如表 3-11 所示。

混合料 180d 抗压回弹模量　　　　　　表 3-11

配合比组号	1	2	3	4	5	6
抗压回弹模量（MPa）	1742	1387	1548	1628	905	1349
变异系数（%）	14.5	13.9	13.1	7.9	14.8	14.4

3.3.3.2　试验现象及结果分析

（1）试验现象。

由于试验过程中，加载在弹性阶段内，故试件表面无明显变化。

（2）回归分析。

①多项式逐步回归。

以石灰掺量 x_1、钢渣掺量 x_2 为自变量，180d 抗压回弹模量 E_c 为因变量，进行多项式逐步回归，结果如图 3-7 所示。

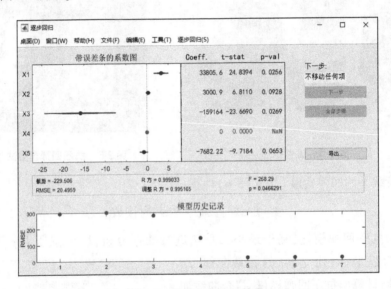

图 3-7　逐步回归运行结果

由图 3-7 可知，180d 抗压回弹模量回归方程显著项为 X1、X2、X3、X5 项，对应的多项式为 x_1、x_2、x_1^2、x_2^2 项。设抗压回弹模量的回归方程为：

$$E_c = d_0 + d_1 x_1 + d_2 x_2 + d_3 x_1^2 + d_5 x_2^2 \tag{3-8}$$

其中，d_0、d_1、d_2、d_3、d_5 为多项式的回归系数。代入相关数据，建立混合料 180d 抗压回弹模量的回归模型：

$$E_c = 33805.6 x_1 + 3000.9 x_2 - 159164 x_1^2 - 7682.22 x_2^2 - 229.506 \tag{3-9}$$

混合料 180d 抗压回弹模量的变化曲线如图 3-8 所示。

②显著性分析。

对混合料 180d 抗压回弹模量进行显著性分析，其结果如表 3-12～表 3-14 所示。

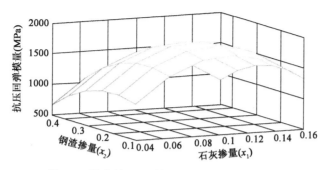

图 3-8 混合料 180d 抗压回弹模量的变化曲线

回归系数检验表 表 3-12

项	非标准化系数 B	T 检验值	显著性 P 值
常数项	−229.506	—	—
x_1	33805.6	24.8349	0.0256
x_2	3000.9	6.8110	0.0928
x_1^2	−159164	−23.6690	0.0269
x_1^2	−7682.22	−9.7184	0.0653

由表 3-12 可知,回归系数中各项系数的 T 检验值的绝对值均大于 2,显著性 P 值均小于 0.10,表明回归系数结果显著。

方差分析 表 3-13

回归方程	方程来源	平方和	自由度	均方差	F 检验值	显著性 P 值
E_c	回归	434435	4	108609	—	—
	剩余	432	1	432	258.29	0.0466
	总和	434867	5	—	—	—

由图 3-7 和表 3-13 可知,回归方程的复相关系数 $R^2 = 0.9990$,检验值 $F = 258.29 > F_{0.05}(4,1)$,显著性分析结果 $P = 0.047(<0.05)$。表明在自变量 x_1、x_2 与因变量 E_c 之间存在很大的相关性,故回归方程显著性较好。

试验残差分析 表 3-14

组号	实测值	回归值	残差	标准化残差
1	1742	1736	6	0.6455
2	1387	1393	−6	−0.6455
3	1548	1560	−12	−1.2909
4	1628	1616	12	1.2909
5	905	899	6	0.6455
6	1349	1355	−6	−0.6455

由表 3-14 可知,回弹模量的实测值与回归值差异非常小,且所有点的标准化残差均满足 (−2,2)。这表明逐步回归建立的二次多项式方程是理想的。

③混合料各掺量对回弹模量的影响分析。

由图 3-8 可以看出,在试验所定掺量范围内,该混合料回弹模量最大值为 1848MPa,最小值为 663MPa。

式(3-9)对 x_1 求偏导,得到式(3-10);对 x_2 求偏导,得到式(3-11):

$$\frac{\partial E_c}{\partial x_1} = 33805.6 - 318328x_1 \tag{3-10}$$

$$\frac{\partial E_c}{\partial x_2} = 3000.9 - 15364.44x_{21} \tag{3-11}$$

由图 3-8 及式(3-10)可知,在混合料所定区间内,当石灰掺量 $x_1 \in [0.040, 0.106]$ 时,$\frac{\partial E_c}{\partial x_1} > 0$,故回弹模量 E_c 随着石灰掺量 x_1 的增加而逐渐增加;当石灰掺量 $x_1 \in [0.106, 0.160]$ 时,$\frac{\partial E_c}{\partial x_1} \leqslant 0$,回弹模量 E_c 随着石灰掺量 x_1 的增加而减小。可见石灰掺量过多,对混合料回弹模量产生不利影响。

由图 3-8 及式(3-11)可知,在混合料所定区间内,当钢渣掺量 $x_2 \in [0.100, 0.195]$ 时,$\frac{\partial E_c}{\partial x_2} > 0$,故回弹模量 E_c 随着钢渣掺量 x_2 的增加而增加;当钢渣掺量 $x_2 \in [0.195, 0.450]$ 时,$\frac{\partial E_c}{\partial x_2} \leqslant 0$,回弹模量 E_c 随着钢渣掺量 x_2 的增加而减小。

3.3.4 劈裂强度试验及分析

3.3.4.1 劈裂强度试验

劈裂强度又称间接抗拉强度,它可以反映材料内部的破坏即弯拉破坏。试验步骤同无侧限抗压试验,在达到养生期前一天浸水,一昼夜后取出试件,用毛巾擦拭试件表面的水分,对其高度、质量进行精准测量。试验设备为 WDW-10 电子万能试验机,采用位移控制,加载速率控制为 1mm/min,如图 3-9 所示。

劈裂强度按式(3-12)计算:

$$R_i = \frac{2p}{\pi dh} \left(\sin 2\alpha - \frac{a}{d} \right) \tag{3-12}$$

式中:R_i——劈裂强度(MPa);

d——试件的直径(mm);

图 3-9 劈裂强度试验

a——压条的宽度(mm);

α——压条所对应的圆心角(°);

p——试件承受的最大压力(N);

h——试件浸水后高度(mm)。

对于大试件:

$$R_i = 0.004178\frac{p}{h} \qquad (3\text{-}13)$$

劈裂强度保留两位小数,变异系数满足 $C_v \leqslant 15\%$,试验结果如表 3-15 所示。

混合料 180d 劈裂强度　　　　　　　　表 3-15

配合比组号	1	2	3	4	5	6
劈裂强度(MPa)	0.73	0.49	0.58	0.63	0.40	0.67
变异系数(%)	9.2	10.1	12.0	14.0	12.5	12.9

3.3.4.2　试验现象及结果分析

(1)试验现象。

用于劈裂强度的试件,其试件破坏主要分为三个阶段:第一阶段,由于轴向力较小,试件无明显变化(图 3-9);第二阶段,随着轴向荷载的持续增加,试件两端出现纵向裂缝,且裂缝逐渐向两侧延伸,如图 3-10a)所示;第三阶段,随着轴向荷载的进一步增加,试件被劈成两半,如图 3-10b)所示。

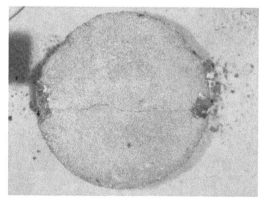

a)第二阶段　　　　　　　　　　　b)第三阶段

图 3-10　试件破坏过程第二、三阶段

(2)回归分析。

①多项式逐步回归。

以石灰掺量 x_1、钢渣掺量 x_2 为自变量,180d 劈裂抗拉强度 R_i 为因变量,进行多项式逐步回归,运行结果如图 3-11 所示。

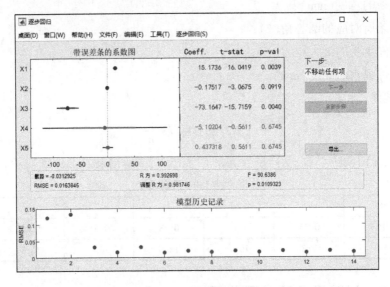

图 3-11　逐步回归运行结果

由图 3-11 可知,180d 劈裂强度回归方程显著项为 X1、X2、X3 项,对应的多项式为 x_1、x_2、x_1^2 项。

根据运行结果,设抗压回弹模量的回归方程为:

$$R_i = e_0 + e_1 x_1 + e_2 x_2 + e_3 x_1^2 \tag{3-14}$$

式中:e_0、e_1、e_2、e_3——多项式的回归系数。

代入相关数据,建立混合料 180d 劈裂强度的回归模型:

$$R_i = 15.1736 x_1 - 0.1752 x_2 - 73.1647 x_1^2 - 0.031 \tag{3-15}$$

混合料 180d 劈裂强度的变化曲线如图 3-12 所示。

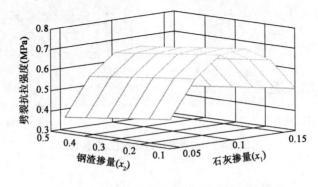

图 3-12　混合料 180d 劈裂强度的变化曲线

②显著性分析。

对混合料 180d 劈裂强度进行显著性分析,其结果如表 3-16 ~ 表 3-18 所示。

回归系数检验表　　　　　　　　　　表 3-16

项	非标准化系数 B	T 检验值	显著性 P 值
常数项	-0.031	—	—
x_1	15.1736	16.0419	0.0039
x_2	-0.1752	-3.0675	0.0919
x_1^2	-73.1647	-15.7159	0.0040

由表 3-16 可知,回归系数中各项系数的 T 检验值的绝对值均大于 2,显著性 P 值均小于 0.1,表明回归系数结果显著。

方差分析　　　　　　　　　　表 3-17

回归方程	方程来源	平方和	自由度	均方差	F 检验值	显著性 P 值
R_i	回归	0.0736	3	0.0245	—	—
	剩余	0.0006	2	0.0003	90.64	0.0109
	总和	0.0739	5	—	—	—

试验残差分析　　　　　　　　　　表 3-18

组号	实测值	回归值	残差	标准残差
1	0.73	0.72	0.01	1.1009
2	0.49	0.49	0.00	0.2752
3	0.58	0.60	-0.02	-1.3762
4	0.63	0.64	-0.01	-0.5504
5	0.40	0.39	0.01	1.1009
6	0.67	0.68	-0.01	-0.5504

由图 3-16 和表 3-17 可知,回归方程的复相关系数 $R^2 = 0.9926$,检验值 $F = 90.64 > F_{0.01}(3,2)$,显著性分析结果 $P = 0.0109(<0.01)$。表明在自变量 x_1、x_2 与因变量 R_i 之间存在很大的相关性,故回归模型显著。

由表 3-18 可知,劈裂强度的实测值与回归值差异非常小,且所有点的标准化残差均满足 $(-2,2)$。这表明逐步回归建立的二次多项式方程是理想的。

3.3.4.3　混合料各掺量对劈裂强度的影响分析

由图 3-12 可以看出,钢渣掺量 x_2 在给定区间内,随着石灰掺量 x_1 的增加,劈裂强度 R_i 先增加后减小;石灰掺量 x_1 在给定区间内,随着钢渣掺量 x_2 的增加,劈裂强度 R_i 逐渐减小。

通过式(3-15)对 x_1 求偏导:

$$\frac{\partial R_i}{\partial x_1} = 15.1736 - 146.3294 x_1 \qquad (3-16)$$

由式(3-16)可知,钢渣掺量 $x_2 \in [0.100, 0.450]$,当石灰掺量 $x_1 \in [0.040, 0.104)$ 时,$\frac{\partial R_i}{\partial x_1} > 0$,随着石灰掺量 x_1 的增加,劈裂强度 R_i 由 0.38MPa 增加到 0.73MPa;当石灰掺量 $x_1 \in [0.104, 0.160]$ 时,$\frac{\partial R_i}{\partial x_1} \leq 0$,随着石灰掺量 x_1 的增加,劈裂强度 R_i 由 0.73MPa 减小到 0.45MPa。

通过式(3-15)对 x_2 求偏导:

$$\frac{\partial R_i}{\partial x_2} = -0.1752 \tag{3-17}$$

由式(3-17)可知,石灰掺量 $x_1 \in [0.040, 0.160]$,钢渣掺量 $x_2 \in [0.100, 0.450)$,$\frac{\partial R_i}{\partial x_2} < 0$,随着钢渣掺量 x_2 的增加,劈裂强度 R_i 由 0.73MPa 减小到 0.38MPa。

3.3.5 混合料力学性能综合分析

3.3.5.1 力学性能指标分析

通过上述对煤矸石混合料基本力学性能试验研究,得出了混合料三项力学性能指标范围。7d 无侧限抗压强度为 2~3.5MPa,180d 抗压回弹模量为 900~1700MPa,180d 劈裂强度为 0.4~0.7MPa。表 3-19 给出了《公路路面基层施工技术细则》(JTG/T F20—2015)中石灰粉煤灰稳定材料及其他工业废渣稳定材料的 7d 龄期无侧限抗压强度标准要求。对比表 3-15 指标要求,本混合料达到并远超出高速公路和一级公路极重、特重交通的要求。

石灰粉煤灰稳定材料的 7d 龄期无侧限抗压强度标准 R_d(MPa)　　　　　　　表 3-19

结构层	公路等级	极重、特重交通	重交通	中、轻交通
基层	高速公路和一级公路	≥1.1	≥1.0	≥0.9
	二级及二级以下公路	≥0.9	≥0.8	≥0.7
底基层	高速公路和一级公路	≥0.8	≥0.7	≥0.6
	二级及二级以下公路	≥0.7	≥0.6	≥0.5

注:表中强度标准指的是 7d 龄期无侧限抗压强度的代表值。

3.3.5.2 推荐配合比

结合式(3-3)、式(3-9)和式(3-15)计算分析,较合理的混合料各掺量范围为:石灰 $x_1 \in [0.080, 0.105]$,钢渣 $x_2 \in [0.100, 0.195]$。针对不同等级公路技术参数要求,推荐相应的配合比范围及相应的技术参数如表 3-20 所示。

石灰-钢渣-煤矸石混合料推荐配合比及力学指标参数　表3-20

公路等级	石灰、钢渣、煤矸石原材总量占比推荐范围（%）	无侧限抗压强度（MPa）	回弹模量（MPa）	劈裂强度（MPa）
高速公路和一级公路	(7~9)∶(9~15)∶(76~84)	3.0~3.5	1500~1800	0.6~0.7
二级及二级以下公路	(3~6)∶(20~24)∶(70~77)	2.0~2.5	900~1300	0.4~0.5

注：配合比范围为石灰、钢渣、煤矸石占混合料总量的百分比。

3.4 ▶ 石灰钢渣煤矸石混合料耐久性能研究

3.4.1 煤矸石钢渣混合料的冻融循环试验及分析

3.4.1.1 试验方案

试验根据《无机规程》"T 0858—2009　无机结合料稳定材料冻融试验方法"规定，分别对表3-4中6组配合比进行冻融循环试验。根据规范要求，试验分两组，一组为对照组（即未冻融组），一组为28d龄期5次冻融循环组。每组6个配合比，每个配合比9个试件。

3.4.1.2 试验过程

（1）试件泡水。

在养护期最后一天养护完成后，将试块放入水中浸泡，水面要求高于试件顶面2.5cm，泡水前后均进行量高和称重。

（2）冻融循环。

浸水完成擦干并量高称重后，对照组按照《无机规程》中相关方法进行无侧限抗压强度试验，冻融组根据编号放入低温试验箱中，温度设置为－18℃，冷冻时间设置为16h，为保证冷空气的流通，试件间隔至少20mm。在冷冻结束后，取出试块并量高称重，然后放入20℃恒温水浴箱中融化8h，水面要求高于试件20mm，融化完成后进行称重并量高，如此为一个循环，共5次循环。

（3）完成条件。

达到规定冻融次数或质量损失率超过5%。

3.4.1.3 外观变化和质量损失

对照组和冻融组的外观如图3-13、图3-14所示，质量变化见表3-21。

图 3-13 对照组试件外观　　　　　　　　图 3-14 冻融组试件

冻融 5 次后质量变化表　　　　　　　　　　　　表 3-21

配比编号	1	2	3	4	5	6
质量变化率(%)	0.098	0.160	− 0.250	− 2.310	− 0.005	− 0.967

煤矸石钢渣混合料的质量变化率按式(3-18)计算:

$$W_n = \frac{m_0 - m_n}{m_0} \times 100 \tag{3-18}$$

式中:W_n——n 次冻融循环后试件的质量变化率(%);

　　m_0——冻融循环前试块的质量(kg);

　　m_n——n 次冻融循环后试件的质量(kg)。

由表 3-21 可知,冻融后不同配比的试块都有不同程度的表面脱落,一些试块出现蜂窝状空隙,但脱落的程度都不大,未出现开裂、松散和破碎的现象。质量失重率均在规范要求的 5% 之内,破损程度轻微。

3.4.1.4　抗冻性指标分析

抗冻性指标 BDR 指经冻融循环后抗压强度的损失值,是混合料抗冻性能分析的主要指标。按照《无机规程》中相关规定,分别测定对照组和冻融组的无侧限抗压强度,对照组和冻融组的无侧限抗压强度和 BDR 值见表 3-22,煤矸石钢渣混合料属半刚性材料,抗冻性指标按式(3-19)计算:

$$BDR = \frac{R_{DC}}{R_C} \times 100 \tag{3-19}$$

式中:BDR——经 n 次冻融循环后抗压强度损失值(%);

　　R_{DC}——n 次冻融循环后试件的抗压强度(MPa);

　　R_C——对照组试件的抗压强度(MPa)。

抗冻性指标　　　　　　　　　　　　　表3-22

配比编号	1	2	3	4	5	6
R_{DC} 对照组强度（MPa）	4.18	2.71	4.29	4.18	4.33	5.19
R_C 冻融后强度（MPa）	3.96	2.03	3.41	3.37	3.20	4.62
BDR 值（%）	94.74	74.91	79.49	80.62	73.90	89.02

由表3-22可知，煤矸石钢渣混合料在5次冻融循环后强度均发生不同程度的降低，其中抗压强度损失最小的为第一组，BDR值为94.74%，最大为第5组，BDR值为73.90%，6组不同的配合比均满足《公路沥青路面设计规范》（JTG D50—2017）中重冻区≥70%、中冻区≥65%的规定，材料抗冻性能良好。

3.4.2　煤矸石钢渣混合料的干湿循环试验及分析

3.4.2.1　干湿循环试验方案

目前没有混合料干湿循环试验的相关规范可供参照，相关文献中煤矸石混合料干湿循环性能试验研究大多以5次和10次为主，为了实际运用更加安全，试验现象更为显著，对试件干湿循环15次后的结果进行分析。试验分为干湿组和对照组，为了减少试验数量，从表3-4配合比方案中选择无侧限抗压强度最高和最低的两组配合比（即第2、6组配合比）方案分别进行试验，每个配合比干湿组和对照组各9个试块。

3.4.2.2　试验过程及现象

由于没有干湿循环试验相关规范作依据，因此在阅读大量文献的基础上，参考前人的方案进行试验，过程如下：

（1）试件泡水。

试件养护28d后，取出试块，观察试块是否有磨损，并进行量高和称重，然后将试块放入20±2℃的水中浸泡24h，水面高于试件2.5cm。

（2）干湿循环。

泡水24h后，将对照组从水中取出，擦干表面的水分，并进行量高称重，按照《无机规程》中相关规范进行无侧限抗压强度测试。

将编号完毕的干湿组试块放入设定好的85℃烘箱中进行烘干，放入烘箱时，试块之间需要间隔20mm以上，时间为12h，烘干完毕后取出试块并量高称重，然后放入20±2℃的水中浸泡3h，泡水时试块间隔20mm以上，水面需高于试块表面2.5cm，泡水完成后进行量高称重，此为一个循环。当完成15次循环后，按照《无机规程》中无机结合料无侧限抗压强度的试验方法进行试验，并将试验结果记录下来，以做分析。

（3）终止试验条件。

达到规定的干湿循环试验次数或试验过程中质量损失超过 5%，则终止试验。

试件对照组及干湿循环 15 次后试件分别见图 3-15、图 3-16。在干湿循环 15 次后，试件边缘出现了极轻微的脱落现象。

图 3-15　对照组泡水前图　　　　图 3-16　干湿循环 15 次后

3.4.2.3　干湿循环后无侧限抗压强度分析

煤矸石钢渣混合料质量变化率，按式（3-20）计算，结果见表 3-23：

$$W_n = \frac{m_0 - m_n}{m_0} \times 100 \tag{3-20}$$

式中：W_n——n 次干湿循环后试件的质量变化率（%）；

　　　m_0——干湿循环前试块的平均质量（kg）；

　　　m_n——n 次干湿循环后试件的平均质量（kg）。

对试件干湿循环前后的强度进行检测，结果见表 3-19。强度变化率按式（3-21）计算：

$$R_n = \frac{F_n}{F_0} \times 100 \tag{3-21}$$

式中：R_n——n 次干湿循环后试件的强度变化率（%）；

　　　F_0——对照组试块的平均强度（MPa）；

　　　F_n——n 次干湿循环组试件的平均强度（MPa）。

干湿循环试验结果　　　　　　　　　　　　　　　表 3-23

测试内容	配合比编号			
	配合比 2		配合比 6	
干湿循环次数（次）	0	15	0	15
无侧限抗压强度（MPa）	2.71	2.73	5.19	5.33
强度变化率（%）	100.74		102.70	
质量变化率（%）	1.30		0.53	

由表 3-23 可知,经过 15 次干湿循环后,质量变化较小,无侧限抗压强度均有少量增长。分析其原因:混合料强度发展较普通水稳混合料速度较慢,干湿循环过程中水化反应相对充分,强度仍有所增长,由此可以看出该混合料水稳定性良好。

3.4.3　混合料膨胀性研究

钢渣由于遇水容易产生膨胀,用于路面基层,会发生膨胀易导致路面开裂,因此限制了其在路面基层的应用。此外,钢渣用于混合料中,其膨胀性亦需试验分析。

3.4.3.1　试验方案

考虑混合料的膨胀主要是钢渣的膨胀,选用钢渣含量最高的第 6 配合比(详见表 3-4)进行试验。

3.4.3.2　试验方法确定

由于混合料的浸水膨胀率目前没有规范指导,故参照《钢渣稳定性试验方法》(GB/T 24175—2009)中钢渣的浸水膨胀率测定方法测定,试验方法如下:

(1)按照《土工试验方法标准》(GB/T 50123—2019)中击实试验的方法,确定混合料的最大干密度和最佳含水率。

(2)按照测定的最佳含水率配制煤矸石钢渣混合料,搅拌均匀后放入密闭容器中焖料 6～8h。

(3)在试模内装入垫块并在上面铺上滤纸,按照《土工试验方法标准》(GB/T 50123—2019)中击实试验方法进行重型击实成形,击实结束后,取下套筒,用直尺刮刀将表面刮平,缺口部分用细料找平,铺上滤纸,盖上多孔底座。将试模连同多孔底座一起倒置,取下垫块。再次垫上滤纸,装上多孔顶板,擦净试件外部。

(4)在顶面多孔板上压 4 块半圆形荷载片,共重 5kg。其上装置测定浸水膨胀率的百分表架和百分表,百分表对准中心触点并保持竖直状态。

(5)将试模放入恒温水浴槽中,试模全部浸没水中。立即读取百分表的初始读数 d_0,精确至 0.01mm。

(6)水浴加热,水浴槽内温度达到(90±3)℃后保持 6h,停止加热,自然冷却。以后每天按照第一天的试验步骤进行,并在煤炭升温前记录百分百读数。如此持续 10d。

(7)10d 后读取百分比终读数 d_{10}。

3.4.3.3　试验结果及分析

3 个试样浸水膨胀率结果如图 3-17 所示。

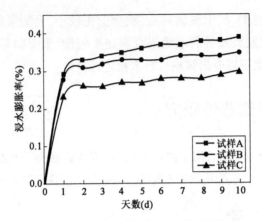

图3-17　混合料浸水膨胀率与时间的关系

对比纯钢渣和石灰钢渣混合料（图3-17）浸水膨胀结果可知：

（1）随着时间的增加，纯钢渣和煤矸石钢渣混合料的浸水膨胀率逐渐增大。

（2）纯钢渣的浸水膨胀率随时间基本呈线性增长趋势，第10d龄期其膨胀仍增长较快。

（3）石灰钢渣煤矸石混合料的浸水膨胀率在第2d后，增长速率迅速减缓并趋于稳定。

钢渣膨胀的主要原因是钢渣中含有大量的游离的氧化钙（f-CaO），其遇水发生反应生成 $Ca(OH)_2$，该过程产生体积膨胀；而在矿粉钢渣煤矸石混合料中，钢渣中的 f-CaO 与煤矸石中的活性 SiO_2、Al_2O_3 和 Fe_2O_3 等发生了火山灰反应，生成 $CaO \cdot SiO_2 \cdot nH_2O$、$CaO \cdot Al_2O_3 \cdot nH_2O$ 等物质，体积无明显变化，故混合料不会产生膨胀，其火山灰反应式如下：

$$CaO + H_2O = Ca(OH)_2 \tag{3-22}$$

$$Ca(OH)_2 + SiO_2 + (n-1)H_2O = CaO \cdot SiO_2 \cdot nH_2O \tag{3-23}$$

$$Ca(OH)_2 + Al_2O_3 + (n-1)H_2O = CaO \cdot Al_2O_3 \cdot nH_2O \tag{3-24}$$

由试验结果可以看出，矿粉钢渣混合料平均浸水膨胀率低于0.4%，远小于《钢渣集料混合料路面基层施工技术规程》（YB/T 4184—2018）中石灰稳定钢渣集料混合料浸水膨胀率1.5%的要求，可应用于路面基层。

3.5　石灰钢渣煤矸石混合料特点

由石灰钢渣煤矸石混合料试验结果，可以看出该材料具有以下特点：

（1）固废利用率较高。

混合料中煤矸石、钢渣等工业固废占比例超过88%，最高可达97%。

（2）力学性能良好。

本混合料属于石灰稳定类无机结合料，其7d无侧限抗压强度最高可达到3.5MPa，达到路面基层和底基层的使用要求。

（3）耐久性能良好。

试块 28d 龄期 5 次冻融循环抗冻性指标大于 70%，干湿循环 15 次强度损失小于 4%，各项指标显示该混合料耐久性良好。

（4）煤矸石与钢渣的组合，解决了钢渣路基膨胀严重的问题。

钢渣中的 f-CaO 是导致路基初期膨胀严重的主要因素。钢渣堆放 1~2 年再使用虽然解决了膨胀的问题，但堆放占用耕地、污染环境。本混合料配比时，选用 4.75mm 以下未陈化细粒径钢渣，其在混合料中的作用显著。

矿粉钢渣煤矸石混合料路用性能研究

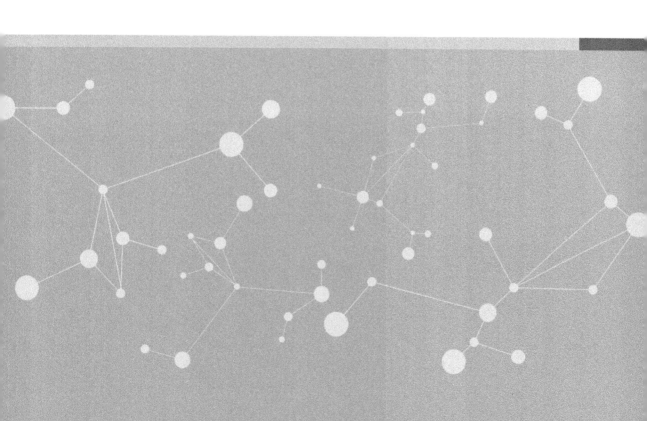

4.1　混合料原材料组成的确定

由第 3 章石灰钢渣煤矸石混合料力学及耐久性能试验结果可以看出：(1)钢渣在混合料中的作用显著,既改良了煤矸石的骨料级配,又在一定程度上起到了碱激发剂的效果。(2)煤矸石与钢渣的组合,煤矸石中的活性成分与钢渣中引起膨胀作用的游离氧化钙(f-CaO)发生火山灰反应,形成具有板结效应的胶凝物质,较好地解决了钢渣浸水膨胀问题。

故在第 3 章混合料的基础上,提出新的煤矸石混合料,具体考虑以下内容：

(1)煤矸石种类的确定。

本试验选用的煤矸石为峰峰矿区完全自燃的红色煤矸石。

(2)碱激发剂的替代。

由于石灰在生产、环保要求及其成本等方面存在较大的局限性,故不再使用石灰激发剂,转而考虑利用钢渣中的 f-CaO 形成的碱环境来激发煤矸石的活性成分。因此选用 4.75mm 以下细粒径钢渣,且本章研究的混合料中钢渣掺量将有所增加。

(3)其他材料的选择。

为降低混合料成本、加大固废使用量,混合料中结合料选择矿渣粉(简称矿粉)。

综上所述,矿粉钢渣煤矸石路面基层混合料材料为：煤矸石 A、4.75mm 以下细颗粒未陈化钢渣、矿粉。各组成材料的物理、化学性能详见第 2 章。

4.2　配合比设计

矿粉钢渣煤矸石路面基层混合料试验配合比设计仍选用均匀设计方法,方法原理及特点详见第 3 章。

4.2.1　均匀设计表确定

4.2.1.1　因素确定

本章研究的混合料为煤矸石、钢渣、矿粉三种材料。采用基准配合比,将原本的 3 因素试验转变为 2 因素试验。以混合料中钢渣、矿粉占煤矸石掺量的比为因素,即煤矸石∶钢渣∶矿粉 $=1 \colon x_1 \colon x_2$。

4.2.1.2 掺量范围确定

依据前期预试验结果,考虑以下因素,确定各材料掺量范围如下:

(1)本着最大化利用煤矸石等工业固废的原则,确定以煤矸石作为混合料主要原材料,占比大于50%;

(2)考虑混合料激发碱环境的需要,确定钢渣质量占比大约为20%~40%;

(3)矿粉范围参照水泥添加的范围,确定其质量占比大约为2%~5%。

本试验配合比试验为2因素6水平,选用均匀设计表$U_6^*(6^4)$,详见表3-1,本章不再赘述。

4.2.2 均匀试验配合比设计

根据表3-1进行均匀设计组合,结合上述各原材料质量百分数范围,转换成原材基准配合比范围为:煤矸石100%,钢渣30%~72%,矿粉3.17%~7.83%,最终均匀设计6组配合比试验原材质量相对百分比结果见表4-1,换算得到混合料中煤矸石、钢渣和矿粉质量百分数配合比结果如表4-2所示。

煤矸石混合料各原材料相对煤矸石质量百分比 表4-1

组别	钢渣(%)	矿粉(%)	煤矸石(%)
1	30.0	4.1	100.0
2	38.4	5.9	100.0
3	46.8	7.7	100.0
4	55.2	3.2	100.0
5	63.6	5.0	100.0
6	72.0	6.8	100.0

煤矸石混合料配合比方案 表4-2

组别	钢渣(%)	矿粉(%)	煤矸石(%)
1	22.4	3.1	74.5
2	26.6	4.1	69.3
3	30.3	5.0	64.7
4	34.8	2.0	63.2
5	37.7	3.0	59.3
6	40.3	3.8	55.9

4.3 矿粉钢渣煤矸石混合料力学性能研究

本章研究的路面基层混合料主要力学性能测试内容同第3章,包括:无侧限抗压强度、抗压回弹模量、劈裂抗拉强度。各力学性能试验方法及试验现象同第3章,在此不再赘述。

根据均匀试验设计原理,按表 4-2 配合比进行试验,并对试验结果进行回归分析,提出原材料掺量与混合料各个力学性能的回归方程。

4.3.1　力学性能试验方案

根据《公路路面基层施工技术细则》(JTG/T F20—2015)中基层材料压实标准(表 3-5),矿粉钢渣煤矸石混合料技术指标参考水泥稳定类材料技术要求并确定压实度。为满足高速公路基层的要求,试验过程中控制混合料试件压实度为 0.98。试件数量、尺寸及成形养护方式同第 3 章。

所有试块均在其最佳含水率条件下成形,各配合比的最佳含水率及最大干密度经试验测得结果见表 4-3。

煤矸石钢渣石灰混合料击实试验结果　　　　　　　　表 4-3

配合比编号	1	2	3	4	5	6
最佳含水率(%)	9.4	10.7	10.5	10.0	9.5	10.1
最大干密度(g/cm³)	2.25	2.15	2.20	2.23	2.27	2.22

4.3.2　无侧限抗压强度试验研究

4.3.2.1　试验结果

试验测得每组试验试块无侧限抗压强度结果见表 4-4,同组试验变异系数小于规定值 15% 的要求。

7d 无侧限抗压强度　　　　　　　　表 4-4

配合比编号	1	2	3	4	5	6
R_c(MPa)	2.14	2.74	4.05	2.24	4.81	6.46
变异系数 C_v(%)	9	10	11	11	7	8

4.3.2.2　回归分析

选用 Minitab 软件对试验的结果进行分析,利用多项式回归方法,建立两项掺合料的相对掺量与混合料无侧限抗压强度的回归方程。

在多元回归分析中,根据回归函数的类型分为线性回归和非线性回归。建立回归函数时应先从多元线性回归开始,若满足残差检验则完成建模;否则应引入各变量的非线性项和交互项直至残差服从 0 附近的正态分布。

（1）多元线性回归分析。

在回归分析中，用 2 个或以上因变量来说明因变量的变化，且因变量与多个自变量之间呈线性关系时，称为多元线性回归。因变量为无侧限抗压强度 R_c，自变量为钢渣 x_1、矿粉 x_2，则多元线性回归模型为：

$$R_c = b_0 + b_1 x_1 + b_2 x_2 \tag{4-1}$$

式中：b_0——常数项；

b_1、b_2——回归系数。

在 Minitab 应用操作"统计—回归—回归—拟合回归模型"建立多元线性模型对多项式进行回归，得到关于 R_c 的线性回归模型：

$$R_c = -2.90 + 7.81 x_1 + 48.7 x_2 \tag{4-2}$$

统计学中用 P 值检验模型系数有效性，$P > 0.05$ 时，考察因子对考察指标影响作用不显著；$0.01 < P < 0.05$ 时，考察因子对考察指标影响作用显著；$P < 0.01$ 时，考察因子对考察指标影响作用非常显著。线性回归方差显著性分析结果 $P = 0.089 > 0.05$，说明该试验使用多元线性回归模型时不能较显著地解释两个相对掺量与无侧限强度之间的变化，需要考虑建立多元非线性回归模型进行混合料掺量影响因素分析。

（2）多元非线性回归分析。

当模型因变量 $\hat{y}$ 与多个自变量 $x_j (j = 1, 2, \cdots, m)$ 之间存在非线性关系时，一般建立 $\hat{y}$ 与 m 个 x_1、$x_2 \cdots x_m$ 的回归函数进行分析：

$$\hat{y} = b_0 + \sum_{j=1}^{m} b_j x_j + \sum_{j=1}^{m} b_{jk} x_j x_k + \sum_{j=1}^{m} b_{jj} x_j^2 \tag{4-3}$$

式中：b_0——常数项；

b_j、b_{jk}、b_{jj}——偏回归系数。

按式（4-3），建立回归模型为：

$$R_c = b_0 + b_1 x_1 + b_2 x_2 + b_{12} x_1 x_2 + b_{11} x_1^2 + b_{22} x_2^2 \tag{4-4}$$

式中：b_0——常数项；

b_1、b_2——x_1、x_2 的偏回归系数；

b_{12}——$x_1 x_2$ 的偏相关系数；

b_{11}、b_{22}——x_1^2、x_2^2 的相关系数。

运用 Minitab 建立拟合回归模型，对多项式（4-4）进行逐步回归计算，进行三次逐步回归步骤后，确定 x_1、x_2 和 $x_1 x_2$ 三项进入回归模型。

在 Minitab 回归处理中得到多元多项式回归模型相关系数表，由"相关系数表"确定该回归方程的常数项和各进入回归方程自变量的对应的回归系数。最终回归方程确定如下：

$$R_c = 3.34 - 18.78x_1 + 48.7x_2 + 26.07x_1^2 \qquad (4-5)$$

(3)偏差分析。

方差分析见表4-5,模型显著性分析结果 $P = 0.031 < 0.05$,方程显著性良好。

表 4-5

方差分析

来源	自由度	Adj SS	Adj MS	F 值	P 值
回归	3	14.1486	4.7229	31.39	0.031
x_1	1	0.6206	0.6206	4.12	0.008
x_2	1	3.2661	3.2261	21.44	0.044
x_1^2	1	1.2603	1.2603	8.39	0.001
误差	2	0.0039	0.0015	——	——
合计	5	14.4695	——	——	——

残差汇总见表4-6,残差的四合一图如图4-1所示。

表 4-6

残差汇总表

S	$R\text{-}sq$	$R\text{-}sq$(调整)	$R\text{-}sq$(预测)
0.3879	97.92%	94.8%	97.81%

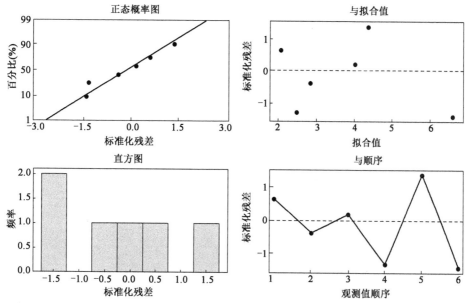

图 4-1 无侧限抗压强度 R_c 残差图

在残差分析中,S 值越低,代表该模型的回归效果越好;$R\text{-}sq$ 值越大,代表该模型的拟合性越好;$R\text{-}sq$(调整)与 $R\text{-}sq$ 之间的差异越小,代表该模型的预报性越好。从表4-6可以看出,该模型 $R\text{-}sq = 97.92\%$,表明该公式具有很好的拟合性,$R\text{-}sq$(调整)$= 94.8\%$,$R\text{-}sq$ 与 $R\text{-}sq$(调整)之间的差异为3.12%,这表明该公式的总体预报效果是良好的;$S = 0.3879$,该模型具有良好的回归效果。

该回归模型下标准化残差基本呈线性分布,而拟合值图和观测值顺序满足随机分布规律,不需要对模型响应进行平方或对数变换。

综上所述,该回归模型拟合情况较好,能够较好地解释自变量与因变量之间的变化关系,回归方程比较合适。

(4)回归方程分析。

根据已建立的回归模型,用 Minitab 在均匀设计的范围内使用操作"统计—回归—回归—曲面图"对其绘制成图,所得曲面图如图 4-2 所示,相应的拟合均值因子图如图 4-3 所示。

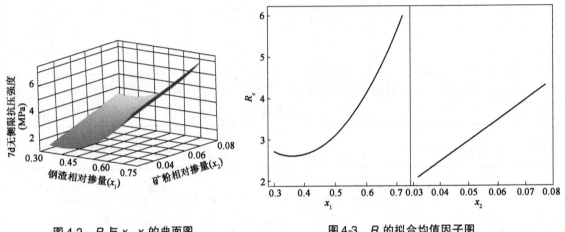

图 4-2 R_c 与 x_1、x_2 的曲面图   图 4-3 R_c 的拟合均值因子图

由图 4-2、图 4-3 可知,钢渣相对煤矸石掺量 x_1 在 30.00% ~ 36.00% 范围内,7d 无侧限强度 R_c 随 x_1 的增加而略有降低;x_1 在 36.00% ~ 72.00% 范围内时,R_c 随 x_1 增加显著增加。矿粉相对煤矸石的掺量 x_2 在试验范围内,混合料 7d 无侧限抗压强度 R_c 随 x_1 增加而线性增长。

4.3.3 抗压回弹模量试验研究

4.3.3.1 试验结果

试验结果如表 4-7 所示。每一组试验的变异系数 C_v 均小于 15%,满足《无机规程》对大试件变异系数的要求。

180d 抗压回弹模量 E_c 表 4-7

配合比编号	1	2	3	4	5	6
E_c(MPa)	954	966	1000	1030	1011	1098
变异系数 C_v(%)	10.7	12.1	12.3	13.7	13.0	13.2

4.3.3.2　回归分析

（1）多元非线性回归分析。

运用 Minitab 软件建立拟合回归模型，得到抗压回弹模量 E_c 的回归方程如下：

$$E_c = 1274 - 591\,x_1 + 8500\,x_2 + 871\,x_1^2 + 79806\,x_2^2 \tag{4-6}$$

（2）偏差分析。

对回归方程进行方差分析，见表 4-8，模型显著性分析结果 $P = 0.039 < 0.05$，方程显著性良好。

方差分析　　　　　　　　　　　　　　　　表 4-8

来源	自由度	Adj SS	Adj MS	F 值	P 值
回归	4	12728.8	3182.2	5.41	0.039
x_1	1	463.1	463.1	0.79	0.054
x_2	1	1104.7	1104.7	1.88	0.040
x_1^2	1	1056.6	1056.6	1.80	0.041
x_2^2	1	1170.0	1170.0	1.99	0.039
误差	1	588.0	588.0	—	—
合计	5	1331.6	—	—	—

残差汇总如表 4-9 所示，残差的四合一图如图 4-4 所示。

残差汇总表　　　　　　　　　　　　　　　　表 4-9

S	$R\text{-}sq$	$R\text{-}sq$（调整）	$R\text{-}sq$（预测）
0.2428	95.58%	97.92%	96.55%

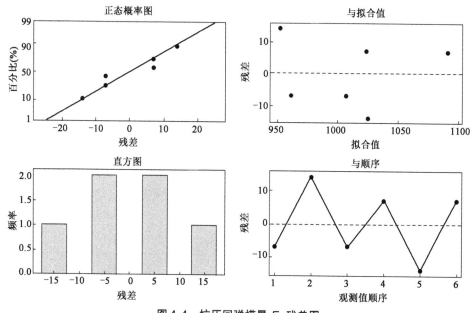

图 4-4　抗压回弹模量 E_c 残差图

从表格 4-9 可以看出,该模型 $R\text{-}sq = 95.58\%$,表明该公式具有较好的拟合性,$R\text{-}sq$(调整)$=$ 97.92%,$R\text{-}sq$ 与 $R\text{-}sq$(调整)之间的差异为 2.34%,这表明该公式的总体预报效果是良好的;$S = 0.2428$,该模型具有良好的回归效果。

由图 4-5 可知,该回归模型下标准化残差基本呈线性分布,而拟合值图和观测值顺序满足随机分布规律,不需要对模型响应进行平方或对数变换。

综上所述,该回归模型拟合情况较好,能够较好地解释自变量与因变量之间的变化关系,回归方程比较合适。

(3)回归方程分析。

根据已建立的回归模型,绘制曲面图如图 4-5 所示,相应的因变量的因子图如图 4-6 所示。

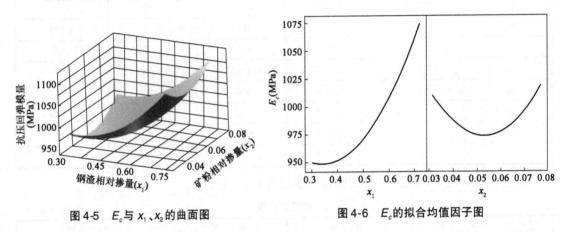

图 4-5 E_c 与 x_1、x_2 的曲面图   图 4-6 E_c 的拟合均值因子图

由图 4-5、图 4-6 可知,钢渣相对煤矸石的掺量 x_1 在 30% ~36% 时,混合料抗压回弹模量 E_c 随 x_1 的增加而下降;在 36% ~72% 时,E_c 随着 x_1 的增加而上升。矿粉相对煤矸石的掺量 x_2 在 3.17% ~5.3% 时,混合料抗压回弹模量 E_c 随着 x_2 的增加而下降;在 5.3% ~7.83% 时,E_c 随着 x_2 的增加而上升。

4.3.4 劈裂抗拉强度试验

4.3.4.1 试验结果

混合料 180d 劈裂强度结果见表 4-10。每一组试验的变异系数 C_v 均小于 15%,满足《无机规程》对大试件变异系数的要求。

混合料 180d 劈裂强度   表 4-10

配合比编号	1	2	3	4	5	6
R_i(MPa)	0.66	0.77	0.79	0.74	0.82	0.83
变异系数 C_v(%)	13.1	12.9	11.1	11.7	13.0	12.2

4.3.4.2　回归分析

（1）多元非线性回归分析。

运用 Minitab 软件建立拟合回归模型,得到劈裂抗拉强度 R_i 回归方程如下:

$$R_i = 0.5286 + 0.2863\,x_1 + 1.720\,x_2 \tag{4-7}$$

（2）偏差分析。

对回归方程进行方差分析,见表 4-11,模型显著性分析结果 $P = 0.041 < 0.05$,方程显著性良好。

方差分析　　　　　　　　　　　　　　　　表 4-11

来源	自由度	Adj SS	Adj MS	F 值	P 值
回归	2	0.0169	0.0085	9.89	0.041
x_1	1	0.0097	0.0097	11.36	0.043
x_2	1	0.0040	0.0042	4.70	0.019
误差	2	0.0026	0.0008	—	—
合计	4	0.0194	—	—	—

残差汇总如表 4-12 所示,残差的四合一图如图 4-7 所示。

残差汇总表　　　　　　　　　　　　　　　　表 4-12

S	R-sq	R-sq（调整）	R-sq（预测）
0.2925	96.83%	97.04%	95.41%

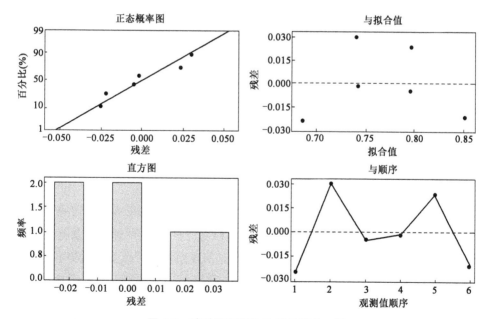

图 4-7　劈裂抗拉强度 R_i 残差四合一图

从表 4-12 可以看出,该模型 $R\text{-}sq = 96.83\%$,表明该公式具有较好的拟合性,$R\text{-}sq(调整) = 97.04\%$,$R\text{-}sq$ 与 $R\text{-}sq(调整)$ 之间的差异为 0.21%,这表明该公式的总体预报效果是良好的;$S = 0.2925$,该模型具有良好的回归效果。

由图 4-7 可知,该回归模型下标准化残差基本呈线性分布,而拟合值图和观测值顺序满足随机分布规律,不需要对模型响应进行平方或对数变换。

综上所述,该回归模型拟合情况较好,能够较好地解释自变量与因变量之间的变化关系,回归方程比较合适。

(3)回归方程分析。

根据已建立的回归模型,绘制曲面图如图 4-8 所示,相应的因变量拟合值因子图如图 4-9 所示。

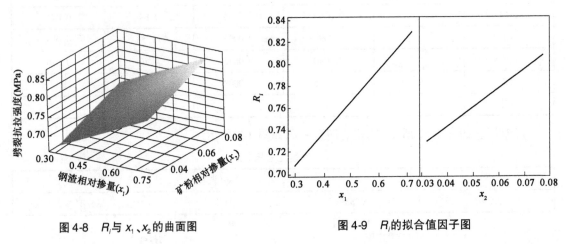

图 4-8 R_i 与 x_1、x_2 的曲面图　　　　　图 4-9 R_i 的拟合值因子图

由图 4-8、图 4-9 可知,在均匀设计试验范围内,混合料劈裂强度 R_i 随 x_1、x_2 的增加而线性增长。

4.3.5　矿粉钢渣煤矸石混合料无侧限抗压强度增长规律

4.3.5.1　试验必要性分析

在我国相关规范介绍中,路面基层材料包括水泥稳定类、水泥粉煤灰稳定类、石灰稳定类、石灰粉煤灰等几类。其中水泥稳定类、水泥粉煤灰稳定类材料,其回弹模量及劈裂强度的测定龄期为 90d;石灰稳定类、石灰粉煤灰稳定类材料,其回弹模量及劈裂强度的测定龄期为 180d。测定龄期不同的原因主要是材料强度的发展速率不同,水泥稳定类混合料强度增长速度快,90d 龄期即趋于稳定,而石灰稳定类混合料发展较慢,强度稳定一般需要 180d。

本章研究的矿粉钢渣煤矸石路面基层混合料与上述常见水泥稳定和石灰稳定材料不同,

因此需对这种新型混合料强度随龄期发展趋势进行研究,为道路施工验收和后续微观分析取样提供参考数据。

4.3.5.2　试验方案的确定

由以上力学性能研究结果分析可以看出,三项力学参数指标数值成正相关,即混合料的回弹模量及劈裂强度的大小随无侧限抗压强度的增大而增大。因此为了减少试验的数量,本节通过试验分析无侧限抗压强度随龄期的发展趋势,其数值在一定程度上可以有效反应混合料回弹模量和劈裂抗拉强度变化趋势。

本节分别对配合比 1 和配合比 6 的混合料进行 7d、28d、90d、150d 和 180d 无侧限抗压强度测试,研究矿粉钢渣煤矸石混合料的无侧限抗压强度在养护龄期内的增长变化规律。

4.3.5.3　增长规律分析

配合比 1 和配合比 6 的强度增长规律如图 4-10 所示。

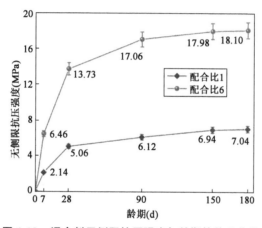

图 4-10　混合料无侧限抗压强度与龄期的关系曲线

由增长曲线可知,强度增长可分为三个阶段:第一阶段为 0 ~ 28d,此阶段强度增长迅速;第二阶段为 28 ~ 150d,强度发展减慢,但仍在逐步增长;150d 以后强度基本稳定。

综上所述,矿粉钢渣煤矸石混合料的回弹模量及劈裂强度的测定龄期可定为 150d。

4.3.6　混合料微观分析

材料的组成影响其宏观性能和微观结构。混合料中不断进行水化反应,生成新物质,影响试件力学性能发展进程。由于材料组分复杂且多样,因此对水化产物形貌与结构进行分析与判定,研究混合料反应机理,分析水化反应的主要影响因素。本章利用扫描电镜(以下简称XRD)和 X 衍射分析(以下简称 SEM)测试手段,对混合料物相组成和微观结构进行分析研究。

4.3.6.1 混合料电镜扫描 XRD 研究分析

试验选取配比 1 混合料 7d、28d 和 180d 的试样进行 XRD 分析,结果如图 4-11 所示。

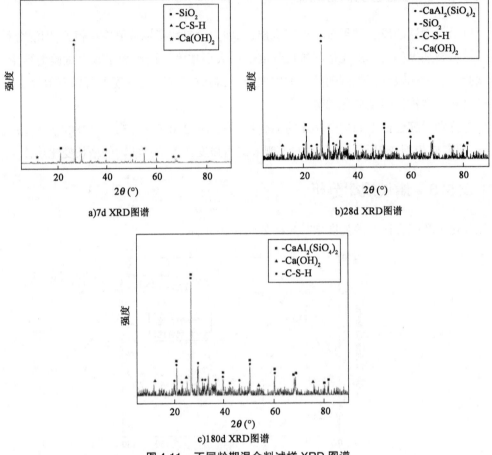

a)7d XRD图谱   b)28d XRD图谱

c)180d XRD图谱

图 4-11 不同龄期混合料试样 XRD 图谱

由 7d、28d 和 180d 养护龄期的 XRD 图谱可知:

(1)试块在养护龄期内,生成水化产物 $CaAl_2(SiO_4)_2$、C-S-H 和 $Ca(OH)_2$。且随着养护龄期的增加,主要水化产物 C-S-H 凝胶特征峰和 $CaAl_2(SiO_4)_2$ 特征峰的峰值均有明显上升,含量逐渐增加,强度持续发展。

(2)7d 时混合料内部生成水化产物 $Ca(OH)_2$ 和 C-S-H 凝胶,有效增加了混合料内部黏结效果,在无侧限抗压强度变化曲线上表现为较高的 7d 无侧限抗压强度,但此时混合料中仍存在部分游离 SiO_2 未参与反应;28d 时出现 $CaAl_2(SiO_4)_2$ 特征峰,同时 $Ca(OH)_2$ 和 SiO_2 含量下降,至 180d 时图谱中已观测不到 SiO_2 衍射峰,$Ca(OH)_2$ 衍射峰大幅减弱,这是因为混合料中 SiO_2 与 $Ca(OH)_2$ 发生二次水化反应,在生成凝胶的同时减弱了 $Ca(OH)_2$ 引起的混合料体积膨胀问题。由于火山灰反应会持续进行到养护后期,在 28d 至 180d 的 XRD 图谱中仍可以看到 C-S-H 等产物衍射峰的增长。

4.3.6.2　混合料衍射 SEM 研究分析

配比 1 混合料试件 7d 和 180d 龄期 SEM 结果见图 4-12a) 和图 4-12b)。

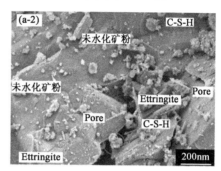

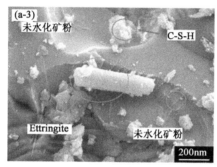

a)7d龄期SEM图

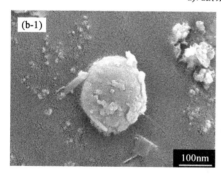

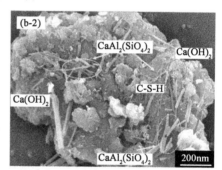

b)180d龄期SEM图

图 4-12　混合料 7d、180d 龄期 SEM 图

由图 4-12a)7d 龄期 SEM 图可以看出,养护初期水化反应相对较少,可见内部有少量不规则团簇形状的 C-S-H 凝胶物质,内部还有一定数量的针棒状钙矾石和未水化的矿粉颗粒。结构体系存在数量较多的较大孔隙,结构稀疏。表现在宏观上为混合料强度较低。

由图 4-12b)180d 龄期 SEM 图可以看出,此时材料水化反应充分,看不到未水化的矿粉颗粒,生成的 C-S-H 凝胶和 $CaAl_2(SiO_4)_2$ 数量增多,且 C-S-H 凝胶与 $CaAl_2(SiO_4)_2$ 相互搭接形成网状结构,六角板状 $Ca(OH)_2$ 与 C-S-H 凝胶结合在混合料内部。整个结构体系致密,孔隙数量大大减少,相应的力学性能大幅提高。

4.3.7　混合料力学性能综合分析

由三个回归模型可以看出,混合料中各材料掺量范围为:煤矸石掺量 55% ~ 75%,钢渣掺量 20% ~ 40%,矿粉掺量为 2.0% ~ 5.0%。混合料 7d 无侧限抗压强度为 2.0 ~ 6.5MPa,180d 回弹模量为 950 ~ 1100MPa,180d 劈裂抗拉强度为 0.66 ~ 0.83MPa。表 4-13 给出了《公路路面基层施工技术细则》(JTG/T F20—2015)中水泥稳定材料 7d 龄期无侧限抗压强度标准要求。对比表 4-13 指标要求,本混合料达到高速公路和一级公路极重、特重交通的要求。

水泥稳定材料的 7d 龄期无侧限抗压强度标准 R_c(MPa)　　　　　　　　表 4-13

结构层	公路等级	极重、特重交通	重交通	中、轻交通
基层	高速公路和一级公路	5.0 ~ 7.0	4.0 ~ 6.0	3.0 ~ 5.0
	二级及二级以下公路	4.0 ~ 6.0	3.0 ~ 5.0	2.0 ~ 4.0
底基层	高速公路和一级公路	3.0 ~ 5.0	2.5 ~ 4.5	2.0 ~ 4.0
	二级及二级以下公路	2.5 ~ 4.5	2.0 ~ 4.0	1.0 ~ 3.0

4.4　矿粉钢渣煤矸石混合料耐久性能研究

4.4.1　混合料抗冻性能试验研究

对混合料试件进行冻融循环试验,通过各组混合料的外观变化、质量变化率和强度变化情况来评价煤矸石混合料的抗冻性能。结合力学性能指标,从表 4-1 配合比方案中选择力学性能最低、最高的两组配合比(即第 1、6 组配合比)方案分别进行试验,每个配合比冻融组和对照组各 9 个试块。试验方法见第 3 章。

4.4.1.1　试验结果与现象

冻融循环的试验结果如表 4-14 所示。

混合料冻融循环试验结果　　　　　　　　　　　　　　表 4-14

配合比编号	对照组 （MPa）	冻融循环组 （MPa）	BDR 值 （%）	质量变化率 （%）
1	5.06	3.62	71.54	-2.13
6	13.73	10.59	77.13	-1.77

冻融循环试验选用光滑平整、无裂缝缺损及明显损伤的试件,通过观察试件冻融循环试验内变化可知,试件在 5 次冻融循环后,出现表面粉料少量冻裂剥落现象,第五次循环时部分试件靠近端部位置有煤矸石骨料裸露。试件试验前后对比如图 4-13 所示。其中配比 1 试件损伤情况较配比 6 表现更为明显,但两组试件均未出现整体开裂破坏。

a)冻融循环前试件

b)冻融循环后试件

图 4-13　冻融循环前后试件对比

4.4.1.2　抗冻性能分析

通过表 4-14 可知,5 次循环后冻融组试件的质量损失率均小于 5% 之内,试件质量损失不高,破损程度轻微。配合比 1 的残留抗压强度比为 71.5%,配合比 6 的残留抗压强度比为 77.1%,均满足《公路沥青路面设计规范》(JTG D50—2017)中 BDR 重冻区 ≥70%、中冻区 ≥ 65% 的规定,材料抗冻性能良好。

4.4.2 混合料干湿循环试验研究

由于目前没有混合料干湿循环试验的相关规范可供参照,相关文献煤矸石混合料干湿循环性能试验研究大多以 5 次和 10 次为主,故本章混合料干湿循环试验次数定为 10 次。

结合力学性能指标,从表 4-1 配合比方案中选择力学性能最低、最高的两组配合比(即第 1、6 组配合比)方案分别进行试验,每组配比试件设干湿试验组 9 块和养护对照组 9 块。试验方法见第 3 章。

4.4.2.1 试验现象

通过观察干湿循环试验过程可知,试件在 10 次干湿循环中,逐渐出现表面粉料剥落,靠近端部位置出现大量可见细微裂纹,但试件均未出现明显破损和破坏。试验前后试件对比如图 4-14 所示。

a)干湿循环前　　　　　　　b)干湿循环后

图 4-14　干湿循环前后对比

4.4.2.2 结果与分析

对照组和干湿循环组的试验结果如表 4-15 所示。其中质量变化率按式(3-20)计算,强度变化率按式(3-21)计算。

干湿循环试验结果　　　　　　　　　表 4-15

试验项目	配合比 1		配合比 6	
干湿循环次数(次)	0	10	0	10
无侧限抗压强度(MPa)	2.01	2.67	5.86	6.17
强度变化率(%)	132.84		105.30	
质量变化率(%)	0.99		0.87	

由表 4-15 可知,两组配合比试件经干湿循环后,强度均有不同幅度增加,质量损伤极小。说明此矿粉钢渣煤矸石混合料作为路面基层应用具有较好的水稳定性。

4.4.3　混合料浸水稳定性试验

混合料浸水膨胀率试验方法见第 3 章。结果见表 4-16。

混合料 10d 浸水膨胀率(%)　　　　　　　　　　　表 4-16

编号	浸水时间(d)									
	1	2	3	4	5	6	7	8	9	10
配合比 1	0.09	0.16	0.23	0.25	0.26	0.26	0.26	0.26	0.26	0.26
配合比 2	0.13	0.21	0.27	0.28	0.28	0.28	0.28	0.28	0.28	0.28
配合比 3	0.07	0.12	0.16	0.17	0.18	0.18	0.18	0.18	0.18	0.18
配合比 4	0.11	0.18	0.20	0.21	0.21	0.21	0.21	0.21	0.21	0.21
配合比 5	0.12	0.16	0.17	0.18	0.18	0.18	0.18	0.18	0.18	0.18
配合比 6	0.04	0.10	0.11	0.12	0.13	0.13	0.13	0.13	0.13	0.13

试验结果显示六组混合料 10d 浸水膨胀率最大只有 0.28%,远小于无机材料稳定钢渣集料混合料规定的 1.5%,因此该混合料不存在膨胀隐患。混合料 5d 后体积膨胀率不再发生变化,这是由于矿粉的掺入消耗了钢渣中大量 f-CaO 水化产生的 $Ca(OH)_2$,降低了混合料的体积膨胀,有效提高了混合料的水稳性能。

4.5　矿粉钢渣煤矸石混合料特点

由矿粉钢渣煤矸石混合料试验结果,可以看出该材料具有以下特点:

(1)全固废材料。

混合料中各材料全部是工业固废且种类少,固废率 100%。

(2)成本低。

矿粉钢渣煤矸石混合料与常用的水泥稳定结合料相比,二者其骨料和结合料用量相似,但煤矸石、钢渣骨料单价低于后者的砂石骨料单价,矿粉单价也低于水泥的单价。

(3)力学性能良好。

矿粉钢渣煤矸石混合料,其 7d 无侧限抗压强度最高可达到 6.5MPa,满足高速公路、一级公路极重、特重交通基层及底基层使用要求。

(4)耐久性能良好。

试块 28d 龄期 5 次冻融循环抗冻性指标大于 70%,干湿循环 10 次强度损失小于 4%,浸水膨胀率小于0.3%,各项指标显示该混合料耐久性良好。

(5)无需添加石灰等碱激发剂,材料更环保、清洁。

(6)施工工艺简单。施工工艺与水泥稳定结合料的施工工艺相似,操作简单,利于推广。

第 5 章

石灰粉煤灰煤矸石混合料
路用性能研究

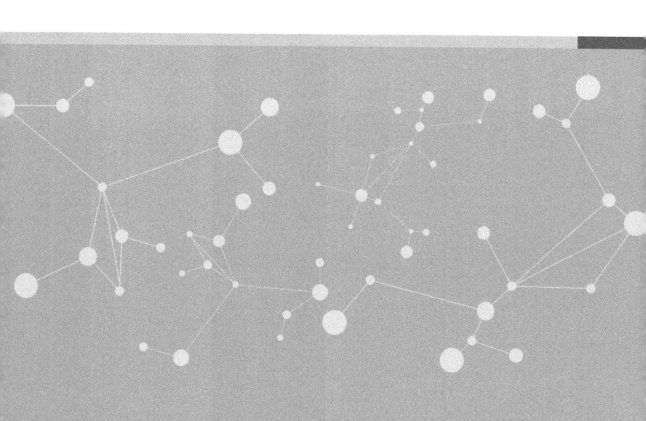

5.1 混合料原材料组成的确定

本章研究的煤矸石混合料基于某煤矿企业实际需求的条件提出,煤矿企业周边堆放着大量的自燃时间为 20～30 年的煤矸石和矿区内部电厂排出的粉煤灰。因此本着帮助企业最大限度消耗上述两种固废的思路,提出石灰粉煤灰煤矸石混合料用于道路工程的思路。具体考虑内容如下:

(1)煤矸石种类的确定。

选择企业周边东庞矿自燃 20～30 年左右的灰黑色煤矸石。

(2)粉煤灰的确定。

煤矿内部电厂排出的粉煤灰。

(3)碱激发剂的选择。

由于本章混合料试验时间为 2011 年,石灰生产受限制较少,故选择常见的碱激发剂石灰,为了保证石灰的质量,选用自行消解的石灰。

(4)混合料原材料组成。

综上所述,本章基层混合料材料为:煤矸石 B、粉煤灰、消石灰。各组成材料的物理、化学性能详见第 2 章。

5.2 配合比设计

本章石灰粉煤灰煤矸石路面基层混合料试验配合比设计仍选用均匀设计方法,方法原理及特点详见第 3 章。

5.2.1 均匀设计表确定

5.2.1.1 因素确定

本章研究的混合料为煤矸石、粉煤灰、石灰三种材料。采用基准配合比,将原本的 3 因素试验转变为 2 因素试验。以混合料中粉煤灰、石灰占煤矸石掺量的比值为因素,即煤矸石∶粉煤灰∶石灰 $= 1 \colon x_1 \colon x_2$。

5.2.1.2 掺量范围确定

依据前期预试验结果,考虑以下因素,确定各材料掺量范围如下:

（1）本着最大化利用煤矸石等工业固废的原则，确定以煤矸石作为混合料主要原材料，占比范围以不小于70%为宜。

（2）根据粉煤灰的粒径、自身活性等因素，确定粉煤灰质量占比为8%～22%。

（3）考虑石灰成本，确定其质量占比为7%～13%。

本试验配合比试验为2因素6水平，选用均匀设计表 $U_6 * (6^4)$（表3-1），本章不再赘述。

5.2.2 均匀试验配合比设计

根据表3-1进行均匀设计组合，结合上述各原材料质量百分数范围，转换成原材基准配合比范围为：煤矸石100%，粉煤灰10%～22%，石灰8%～16%，最终均匀设计6组配合比试验的原材料质量相对百分比结果见表5-1，换算得到混合料中煤矸石、粉煤灰和石灰质量配合比方案如表5-2所示。

混合料各原材料相对煤矸石质量百分比　　　　　　　　　　表5-1

组别	石灰（%）	粉煤灰（%）	煤矸石（%）
1	11.2	10.0	100.0
2	16.0	14.4	100.0
3	9.6	18.8	100.0
4	14.4	23.2	100.0
5	8.0	27.6	100.0
6	12.8	32.0	100.0

混合料配合比方案　　　　　　　　　　表5-2

组别	石灰（%）	粉煤灰（%）	煤矸石（%）
1	9.24	8.25	82.51
2	12.27	11.04	76.69
3	7.48	14.64	77.88
4	10.47	16.86	72.67
5	5.90	20.35	73.75
6	8.84	22.10	69.06

5.3 石灰粉煤灰煤矸石混合料力学性能研究

本章研究的路面基层混合料主要力学性能测试内容同第3章，包括：无侧限抗压强度、抗压回弹模量、劈裂强度。各力学性能试验方法及试验现象同第3章，在此不再赘述。

根据均匀设计原理，按表5-2配合比进行试验，并对试验结果进行回归分析，提出原材料掺量与混合料各个力学性能的回归方程。

5.3.1　力学性能试验方案

由于试验时间为 2011 年,根据当时规范,石灰粉煤灰煤矸石混合料技术指标参考石灰粉煤灰稳定材料技术要求(表5-3)确定压实度。通过前期的预试验分析,混合料强度较低,更适用于低等级轻交通公路使用,因此试验过程中控制混合料试件压实度为 0.96。试件数量、尺寸及成形养护方式同第 3 章。

石灰粉煤灰稳定类材料压实度及无侧限抗压强度要求　　　　表 5-3

层位	稳定类型	特重、重、中交通		轻交通	
		压实度(%)	抗压强度(MPa)	压实度(%)	抗压强度(MPa)
上基层	集料	≥98	≥0.8	≥97	≥0.6
	细粒土	—	—	≥96	
底基层	集料	≥97	≥0.6	≥96	≥0.5
	细粒土	≥96		≥95	

注:此表依据试验时间为 2011 年时的规范要求。

所有试块均在其最佳含水率条件下成形,各配合比的最佳含水率及最大干密度经试验测得结果见表 5-4。

石灰粉煤灰煤矸石混合料击实试验结果　　　　表 5-4

配合比编号	1	2	3	4	5	6
最佳含水率(%)	9.41	10.54	11.21	10.55	10.66	10.03
最大干密度(g/cm³)	1.971	1.924	1.970	1.891	1.875	1.827

5.3.2　无侧限抗压强度试验研究

5.3.2.1　试验结果

试验测得每组试验试块无侧限抗压强度结果见表 5-5,同组试验变异系数小于规定值 15% 的要求。

石灰粉煤灰煤矸石混合料7d无侧限抗压强度试验结果　　　　表 5-5

组别	石灰 (%)	粉煤灰 (%)	煤矸石 (%)	7d 无侧限抗压强度均值 (MPa)	变异系数 C_v (%)
1	9.24	8.25	82.51	1.94	11.20
2	12.27	11.04	76.69	2.46	11.12
3	7.48	14.64	77.88	2.67	14.26

组别	石灰 (%)	粉煤灰 (%)	煤矸石 (%)	7d 无侧限抗压强度均值 (MPa)	变异系数 C_v (%)
4	10.47	16.86	72.67	2.91	12.35
5	5.90	20.35	73.75	2.66	13.17
6	8.84	22.10	69.06	2.90	14.19

5.3.2.2 回归分析

(1)多项式回归。

运用 Matlab 软件对其试验结果进行分析,利用多项式回归方法,建立掺合料掺量(粉煤灰 x_1、石灰 x_2)与混合料 7d 无侧限抗压强度 R_c 的回归方程。运行结果如图 5-1 所示。

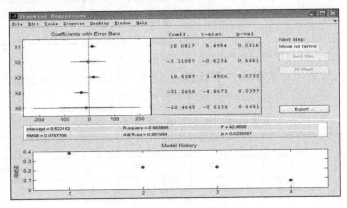

图 5-1　逐步回归运行结果

由图 5-1 可知,7d 无侧限抗压强度回归方程显著项为 X1、X3、X4 项,对应的多项式为 x_1、$x_1 x_2$、x_1^2 项。建立回归分析多项式,剔除影响不显著项得:

$$R_c = b_0 + b_1 x_1 + b_3 x_1 x_2 + b_4 x_1^2 \tag{5-1}$$

将相关数据代入,建立混合料 7d 无侧限抗压强度的回归模型为:

$$R_c = 0.554 + 15.078 x_1 + 18.530 x_1 x_2 - 31.241 x_1^2 \tag{5-2}$$

混合料 7d 无侧限抗压强度的变化曲线如图 5-2 所示。

(2)显著性分析。

各组抗压回弹模量的拟合估计值(MPa)分别为:

$$R_{c1} = 1.9570 \qquad R_{c2} = 2.5044 \qquad R_{c3} = 2.6190$$

$$R_{c4} = 2.9900 \qquad R_{c5} = 2.7450 \qquad R_{c6} = 2.9390$$

相关性系数 $R^2 = 0.7702$,回归曲线显著性 $F = 16.0273 > F_{0.90}(3,2) = 9.16$,标准差 $\sigma = 0.0941$。

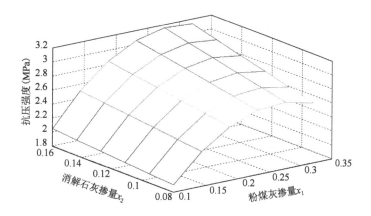

图 5-2　混合料 7d 无侧限抗压强度曲线图

x_1 项，$F_1 = 19.5930 \geqslant F_{0.95}(1,3) = 10.1$；

$x_1 x_2$ 项，$F_2 = 7.9007 > F_{0.90}(1,3) = 5.54$；

x_1^2 项，$F_3 = 15.3554 > F_{0.95}(1,3) = 10.1$。

通过以上计算分析可知，各项系数显著性较好。

（3）混合料各掺量对抗压强度的影响分析。

对式（5-2）中的 x_1、x_2 分别求偏导数得：

$$\frac{\partial R_c}{\partial x_1} = 15.078 + 18.530 x_2 - 62.48 x_1 \tag{5-3}$$

$$\frac{\partial R_c}{\partial x_2} = 18.530 x_1 \tag{5-4}$$

由图 5-2 和式（5-3）可知，当 $x_1 < 0.241 + 0.297 x_2$ 时，$\frac{\partial R_c}{\partial x_1} > 0$，无侧限抗压强度 R_c 随粉煤灰增加而增加；当 $x_1 \geqslant 0.241 + 0.297 x_2$ 时，$\frac{\partial R_c}{\partial x_1} \leqslant 0$，$R_c$ 随粉煤灰增加而减小。

由图 5-2 和式（5-4）可知，在掺量范围内，$\frac{\partial R_c}{\partial x_2} \geqslant 0$，因此随石灰掺量的增加，无侧限抗压强度 R_c 逐渐增大。

5.3.3　抗压回弹模量试验及分析

5.3.3.1　试验结果

由于企业急需测试结果，试验测试了各组配合比下 60d 抗压回弹模量，结果见表 5-6。每一组试验的变异系数 C_v 均小于 15%，满足规范对大试件变异系数的要求。

混合料 60d 抗压回弹模量试验结果　　　　　　　　表 5-6

组别	石灰(%)	粉煤灰(%)	煤矸石(%)	E_c(MPa)	变异系数 C_v(%)
1	9.24	8.25	82.51	800.5	13.6
2	12.27	11.04	76.69	818	8.7
3	7.48	14.64	77.88	909	15.0
4	10.47	16.86	72.67	929	12.1
5	5.90	20.35	73.75	877	3.2
6	8.84	22.10	69.06	930	14.2

5.3.3.2　回归分析

(1)多项式回归。

对多项式进行逐步回归,运行结果如图 5-3 所示。

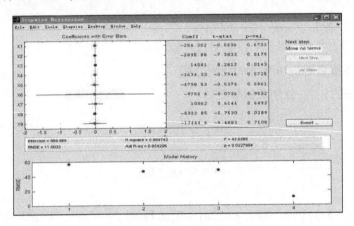

图 5-3　逐步回归运行结果

可知,60d 抗压回弹模量回归方程显著项为 X2、X3、X8 项,对应的多项式为 x_2、$x_1 x_2$、x_1^3。建立回归分析多项式,剔除影响不显著项得:

$$E_c = d_0 + d_2 x_2 + d_3 x_1 x_2 + d_8 x_1^3 \qquad (5-5)$$

将相关数据代入,得出石灰和粉煤灰掺量与抗压回弹模量的回归方程为:

$$E_c = 969.99 - 2895.94 x_2 + 1458.19 x_1 x_2 - 8323.09 x_1^3 \qquad (5-6)$$

混合料 60d 抗压回弹模量曲线如图 5-4 所示。

(2)显著性检验。

各组抗压回弹模量的拟合估计值(MPa)分别为:

$$E_{c1} = 801 \qquad E_{c2} = 818 \qquad E_{c3} = 900$$
$$E_{c4} = 936 \qquad E_{c5} = 885 \qquad E_{c6} = 924$$

相关性系数 $R = 0.99234$,回归曲线显著性 $F = 43.026 > F_{0.95}(3,2) = 19.2$,标准差 $\sigma = 11.032$。

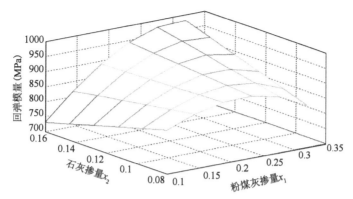

图 5-4　混合料 60d 抗压回弹模量曲线图

x_2 项，$F_1 = 54.5133 \geqslant F_{0.95}(1,3) = 10.1$；

$x_1 x_2$ 项，$F_2 = 68.5796 > F_{0.90}(1,3) = 10.1$；

x_1^3 项，$F_3 = 33.0978 > F_{0.95}(1,3) = 10.1$。

通过以上计算分析可知，各项系数显著性较好。

（3）掺和料掺量对抗压回弹模量影响分析。

对式（5-6）中的 x_1、x_2 分别求偏导数得：

$$\frac{\partial E_c}{\partial x_1} = 14581.19x_2 - 24969.27x_1^2 \tag{5-7}$$

$$\frac{\partial E_c}{\partial x_2} = -2895.94 + 14581.19x_1 \tag{5-8}$$

由图 5-4 和式（5-7）可知，当 $x_2 \geqslant 1.71x_1^2$ 时，$\frac{\partial E_c}{\partial x_1} \geqslant 0$，抗压回弹模量 E_c 随着粉煤灰掺量的增加而增大；当 $x_2 < 1.71x_1^2$ 时，$\frac{\partial E_c}{\partial x_1} < 0$，$E_c$ 随着粉煤灰掺量的增加而减小。

由图 5-4 和式（5-8）可知，当 $x_1 \geqslant 0.20$ 时，$\frac{\partial E_c}{\partial x_2} \geqslant 0$，抗压回弹模量 E_c 随石灰掺量比例的增加而增大；当 $x_1 < 0.20$ 时，$\frac{\partial E_c}{\partial x_2} < 0$，$E_c$ 随石灰掺量比例的增加而减小。

5.3.4　劈裂强度

5.3.4.1　试验结果

试验测试了各组配比下 60d 劈裂强度，结果见表 5-7。每一组试验的变异系数 C_v 均小于 15%，满足规范对大试件变异系数的要求。

混合料 60d 劈裂强度试验结果 　　　　表 5-7

组别	石灰 （%）	粉煤灰 （%）	煤矸石 （%）	劈裂强度 R_i （MPa）	变异系数 C_v （%）
1	8.25	9.24	82.51	0.2500	9.05
2	11.04	12.27	76.69	0.3192	14.98
3	14.64	7.48	77.88	0.3331	8.47
4	16.86	10.47	72.67	0.3981	4.01
5	20.35	5.90	73.75	0.2918	12.88
6	22.10	8.84	69.06	0.3897	11.36

5.3.4.2　回归分析

（1）多项式回归。

对多项式进行逐步回归，运行结果如图 5-5 所示。

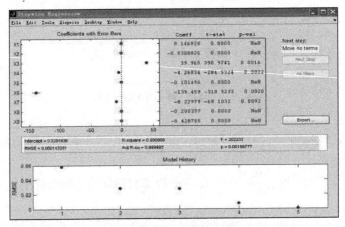

图 5-5　逐步回归运行结果

由图 5-5 可知，混合料 60d 劈裂强度回归方程显著项为 X3、X4、X6、X7 项，对应的多项式为 x_1x_2、x_1^2、$x_1x_2^2$、$x_1^2x_2$。建立回归分析多项式，剔除影响不显著项得：

$$R_i = e_0 + e_3x_1x_2 + e_4x_1^2 + e_6x_1x_2^2 + e_7x_1^2x_2 \tag{5-9}$$

将相关数据代入，得出混合料 60d 劈裂强度的回归方程为：

$$R_i = 0.03 + 40.6x_1x_2 - 4.37x_1^2 - 143.79x_1x_2^2 - 8.02x_1^2x_2 \tag{5-10}$$

混合料 60d 劈裂强度如图 5-6 所示。

（2）显著性检验。

各组劈裂强度的拟合估计值（MPa）分别为：

$$R_{i1} = 0.2525 \qquad R_{i2} = 0.3190 \qquad R_{i3} = 0.3329$$

$$R_{i4} = 0.3983 \qquad R_{i5} = 0.2919 \qquad R_{i6} = 0.3787$$

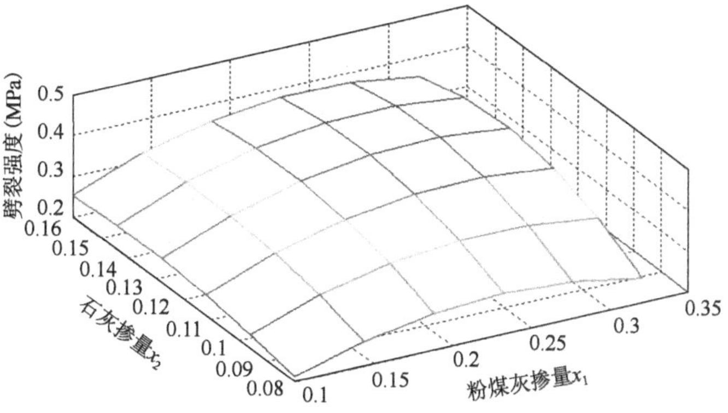

图 5-6 混合料 60d 劈裂强度曲线

相关性系数 $R = 0.99988$，回归曲线显著性 $F = 76950.51 > F_{0.95}(3,2) = 19.2$，标准差 $\sigma = 0.00026$。

$x_1 x_2$ 项，$F_1 = 47938.38 \geqslant F_{0.95}(1,3) = 10.1$；

x_1^2 项，$F_2 = 25728.17 > F_{0.90}(1,3) = 10.1$；

$x_1 x_2^2$ 项，$F_3 = 32856.95 > F_{0.95}(1,3) = 10.1$；

$x_1^2 x_2$ 项，$F_4 = 1375.95 > F_{0.95}(1,3) = 10.1$；

通过以上计算分析可知，各项系数显著性较好。

（3）各掺料对劈裂强度影响分析。

分别对式（5-10）中的 x_1、x_2 求偏导数得：

$$\frac{\partial R_i}{\partial x_1} = 40.6x_2 - 8.74x_1 - 143.79x_2^2 - 16.04x_1x_2 \tag{5-11}$$

$$\frac{\partial R_i}{\partial x_2} = 40.6x_1 - 287.58x_1x_2 - 8.02x_1^2 \tag{5-12}$$

由图 5-6 和式（5-11）可以看出：在试验研究因素掺量范围内，当 $x_1 \leqslant \dfrac{x_2(40.6 - 143.79x_2)}{8.74 + 16.04x_2}$ 时，$\dfrac{\partial R_i}{\partial x_1} \geqslant 0$，劈裂强度 R_i 随粉煤灰掺量的增大而增大；当 $x_1 > \dfrac{x_2(40.6 - 143.79x_2)}{8.74 + 16.04x_2}$ 时，$\dfrac{\partial R_i}{\partial x_1} < 0$，劈裂强度 R_i 随粉煤灰掺量的增大而减小。

由图 5-6 和式（5-12）可以看出：在试验研究因素掺量范围内，当 $x_2 \geqslant 0.141 - 0.028x_1$ 时，$\dfrac{\partial R_i}{\partial x_2} \geqslant 0$，劈裂强度 R_i 随石灰掺量的增大而增大；当 $x_2 < 0.141 - 0.028x_1$ 时，$\dfrac{\partial R_i}{\partial x_2} < 0$，劈裂强度 R_i 随石灰掺量的增大而减小。

5.3.5　混合料力学性能综合分析

由三个回归模型可以看出,混合料中各材料掺量范围为:煤矸石掺量 69%~83%,粉煤灰掺量 8%~22%,石灰掺量为 5%~12%。混合料 7d 无侧限抗压强度为 1.8~3.1MPa。混合料 60d 抗压回弹模量为 730~980MPa,60d 劈裂强度为 0.17~0.36MPa。

石灰粉煤灰煤矸石混合料属于石灰粉煤灰稳定材料,对比表 3-19 指标要求,混合料达到高速公路和一级公路极重、特重交通的要求。

5.4　基于数字图像技术的煤矸石混合料耐久性能研究

5.4.1　石灰粉煤灰煤矸石混合料抗冻性能研究

对混合料试件进行冻融循环试验,通过混合料的外观变化、质量和强度变化等对混合料进行宏观抗冻性能分析,并利用数字成像技术对混合料冻融前后进行微观分析。

5.4.1.1　冻融试验设计

(1)混合料配合比的确定。

冻融试验采用的配合比是根据式(5-2)及六组配合比试验结果设计的。其中第五组配合比的无侧限抗压强度较高,煤矸石和粉煤灰两种固废用量较大,石灰用量低且成本较低。因此最终确定配合比方案为石灰:粉煤灰:煤矸石 =0.06:0.20:0.74。

(2)相关材料说明。

本试验使用的粉煤灰、石灰材料与混合料力学性能试验所用材料因批次产地不同略有不同。其中石灰 CaO、MgO 含量为 58.21%,比力学试验石灰有效成分含量略低。粉煤灰 0.075mm 方孔筛通过百分比为 68.08%,烧失量为 15.33%,化学组成见表 5-8,整体来看粉煤灰的质量高于力学试验使用的粉煤灰质量。

粉煤灰化学组成(%)　　　　　　　　表 5-8

化学组成	SiO_2	Al_2O_3	Fe_2O_3	其他
含量	60.15	30.83	4.42	4.60

(3)养生龄期与冻融次数的确定。

为深入研究混合料冻融循环后的损伤特性,分别测试混合料 28d 龄期冻融 5 次、10 次、15 次以及 180d 龄期冻融循环 10 次的损伤情况。具体试验方案如表 5-9 所示。

冻融循环损失测试试验方案　　　　　　　　　表 5-9

养身龄期(d)	组别	冻融次数(次)	试件数量(个)
28	对照组	0	9
		5	9
	冻融组	10	9
		15	9
180	对照组	0	9
	冻融组	10	9

（4）CT 扫描试验方案。

选择标准养生 28d 冻融循环 5 次、10 次、15 次的三组试件。①对达到标准养生 28d 后的三组试件进行连续 CT 扫描,得到石灰粉煤灰煤矸石混合料初始细观结构图像;②试件达到规定冻融循环次数后进行连续 CT 扫描,得到石灰粉煤灰煤矸石混合料冻融后细观结构图像。

石灰粉煤灰煤矸石混合料初始与冻融后的细观结构 CT 扫描试验中,每个试件扫描 29 个层面,层面间隔 5mm。初始 CT 扫描时,在初始 CT 扫描阶段,准确测量每个试件的摆放位置并做上标记。在冻融后 CT 扫描阶段,将每个试件对应摆放到初始 CT 扫描阶段中标记好的位置上。

5.4.1.2　试验现象与结果

试件冻融试验流程及方法见第 3 章。

（1）外观变化。

标准养生 28d 和标准养生 180d 石灰粉煤灰煤矸石混合料试件对照组与冻融组的外观如图 5-7、图 5-8 所示。

侧面图

正面图

底面图

a)对照组试件外观

图　5-7

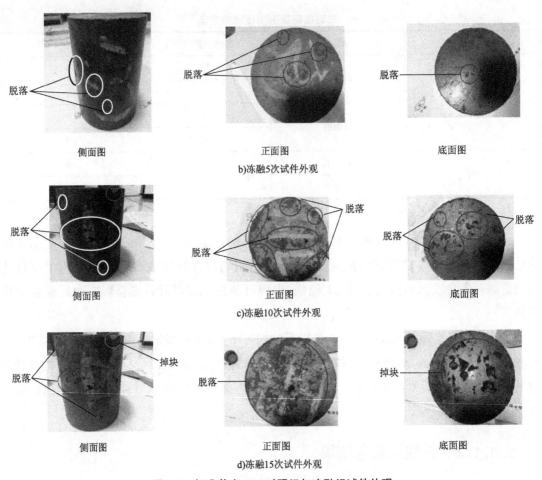

图5-7 标准养生28d对照组与冻融组试件外观

通过大量的试件外观分析可以看出,石灰粉煤灰煤矸石混合料在冻融循环5次后,试件外观仅在局部出现轻微的脱落现象;冻融循环10次后试件外观损坏严重,在表面大量出现脱落现象,且脱落处的尺寸明显增大;冻融循环15次后试件表面绝大部分区域都出现脱落现象,脱落处的尺寸更大,部分区域已经由脱落转变为掉块现象。石灰粉煤灰煤矸石混合料经过冻融循环后,未出现开裂、破碎和松散情况。

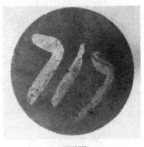

a)对照组试件外观

图 5-8

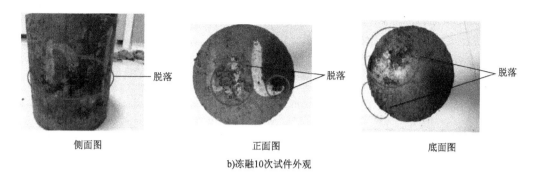

| 侧面图 | 正面图 | 底面图 |

b)冻融10次试件外观

图5-8　标准养生180d对照组与冻融组试件外观

（2）试验结果。

按照式（3-18），计算标准养生28d与180d试件冻融循环作用后的质量变化率（表5-10），将标准养生28d的质量变化率绘制成曲线如图5-9所示。

质量变化率 　　　　　　　　　　　　　　　　　　　　　　表5-10

龄期（d）	冻融循环次数	质量变化率（%）
28	0	0
	5	0.12
	10	0.37
	15	0.59
180	0	0
	10	0.42

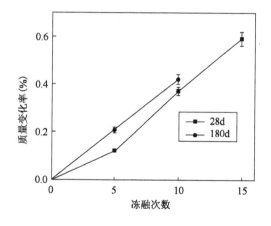

图5-9　养生28d冻融后质量变化率

标准养生28d与标准养生180d石灰粉煤灰煤矸石混合料试件在冻融循环作用后的无侧限抗压强度与BDR值见表5-11，抗冻性指标BDR曲线如图5-10所示。

混合料冻融循环试验结果   表 5-11

龄期(d)	冻融循环次数	无侧限抗压强度(MPa)	BDR(%)	C_v(%)
28	0	5.84	100	9.42
	5	5.42	92.81	5.54
	10	5.11	87.50	9.00
	15	4.76	81.51	7.78
180	0	10.47	100	6.21
	10	8.92	85.20	4.48

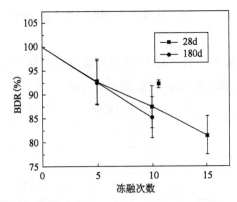

图 5-10 标准养生 28d 与 180d 试件抗冻性指标 BDR

5.4.1.3 宏观抗冻性能分析

通过回归分析得到的标准养生 28d 抗冻性指标与冻融循环次数的关系可用式(5-13)描述,相关系数为 0.9963。

$$f(x) = -1.2156x + 99.572 \qquad (5-13)$$

式中:x——冻融循环次数;

   $f(x)$——标准养生 28d 试件抗冻性指标 BDR(%)。

标准养生 28d 冻融循环 5 次和标准养生 180d 冻融循环 10 次后,抗冻性指标均满足《公路沥青路面设计规范》(JTG D50—2017)中重冻区 ≥70%、中冻区 ≥65% 的规定,材料抗冻性能良好。

5.4.1.4 基于 CT 数字成像的冻融性能微观分析

(1)CT 扫描试验设备。

试验使用的扫描设备是 GE LightSpeed 64 VCT X 射线螺旋 CT 机,能在不损伤试件的基础下以最快的速度获取图像的信息,采用 64×0.625mm 探测器单元,任意方向的同性分辨率都能达到 0.30mm,CT 机扫描试件如图 5-11 所示,扫描所设置的参数见表 5-12。

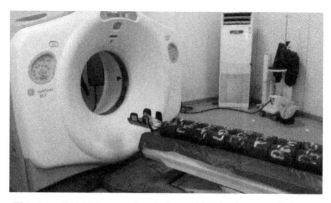

图 5-11　GE Lightspeed 64 VCT X 射线螺旋 CT 机试件扫描

CT 扫描参数表　　　　　　　　　　　　　表 5-12

探测器	宽体 40mmV-R cs TM	球管	Performix ® Pro
管电压	140kV	最大管电流	800mA
空间分辨率	6.8 ±20% lp/cm(10% MTF) 4.2 ±20% lp/cm(50% MTF)	最小体积扫描层厚	0.625mm
最长扫描时间	5.3s	CT 值范围 MU	−1500 ~4000
重建矩阵	512 ×512	重建时间	2 ~4s
数据存储	可同时存储 1600 幅图像 300 层原始数据	每层扫描时间	0.8,1.0,1.5,2.0,3.0,4.0
准直器宽度	0.625mm ×64 层	各向同性分辨率	0.3mm

（2）数字图像分析。

①CT 扫描断面图分析。

在 CT 扫描灰度图像中,不同密度的组分具有不同的 CT 值,可表现为不同的灰度值。一幅石灰粉煤灰煤矸石混合料扫描图像,其灰度共有 256 个级别,其中 0 为最暗（全黑）,255 为最亮（全白）。不同颜色的区间代表了不同的物质类型。黑色点表示物质密度较低,白色点表示物质密度较高,由黑到白表示物质密度由低到高的变化。在石灰粉煤灰煤矸石混合料图像中,煤矸石密度最大,显示为灰白色;石灰粉煤灰的结合料次之,显示为灰色;孔隙和裂缝的密度最小,在图像中显示为灰黑色。

标准养生 28d 龄期试件,深度 75mm 处切片,冻融 5 次、10 次、15 次的初始 CT 扫描与冻融后 CT 扫描的二维断面图像,如图 5-12 所示。

由图 5-12 可知:

a. 所获得的石灰粉煤灰煤矸石混合料初始与冻融后的 CT 图像可以直接观察到石灰粉煤灰煤矸石混合料内部细观结构分布情况,混合料内部存在煤矸石、石灰和粉煤灰形成的胶结物和少量密度较高的矿物结核,这些介质无序分布,使得煤矸石、石灰和粉煤灰内部初始细观结构分布不均匀。

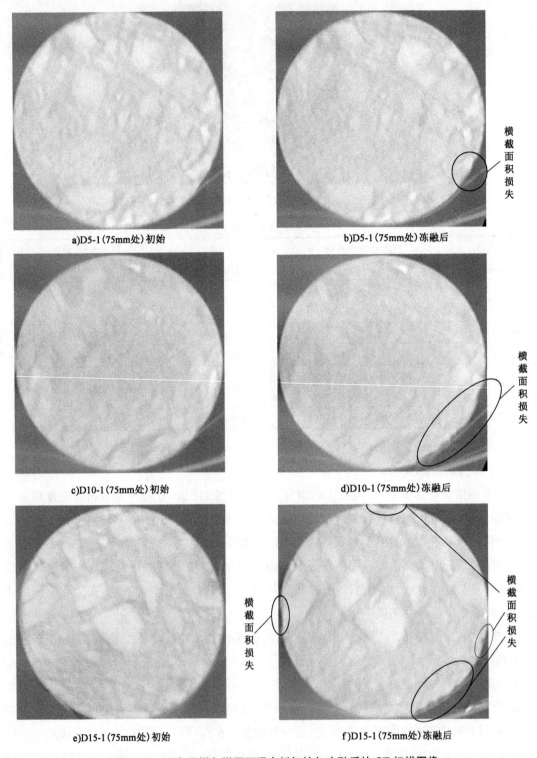

a)D5-1(75mm处)初始 b)D5-1(75mm处)冻融后

c)D10-1(75mm处)初始 d)D10-1(75mm处)冻融后

e)D15-1(75mm处)初始 f)D15-1(75mm处)冻融后

图 5-12　石灰粉煤灰煤矸石混合料初始与冻融后的 CT 扫描图像

b.每个石灰粉煤灰煤矸石混合料试件的细观结构均不相同,而且同一混合料试件不同扫描层面的细观结构差异也比较大。

c.石灰粉煤灰煤矸石混合料的横截面边缘在冻融循环作用下出现了不同程度的缺损现象。同时从 CT 图像中只能看到试件横截面积的损失,并不能清晰地观察到裂缝或孔隙的出现。

②基于灰度直方图的冻融细观损伤分析。

借助于灰度直方图对大量的 CT 扫描断面进行综合分析,研究其内部细观损伤机理。通过对试件外观及其影像图片的观察发现,表皮脱落等现象主要发生在试件外表面 0 ~ 15mm 内。为了研究内部损伤,所以去除试件外部 15mm 范围内损失区域,以试件中心部位图像作为分析依据。最终灰度直方图最终研究区域为:以不同冻融次数试件的截面中心为圆心,半径为 60mm 的圆形区域。

a.冻融损伤灰度直方图。

分别截取对照组冻融 5 次、冻融 10 次、冻融 15 次分析区域内的 CT 扫描绘制出灰度直方图,如图 5-13 所示。

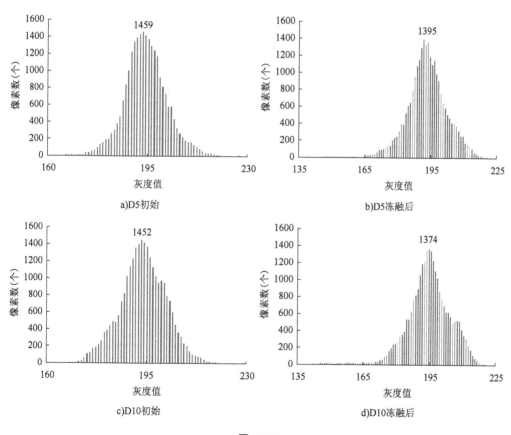

a)D5初始

b)D5冻融后

c)D10初始

d)D10冻融后

图　5-13

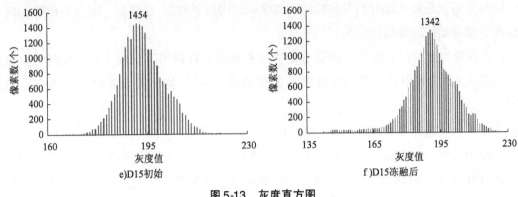

图 5-13　灰度直方图

由图 5-13 可知:冻融后 CT 图像灰度值下限明显减小,且随着冻融次数的增加下限值逐步降低;冻融后灰度像素峰值明显降低,且冻融次数越多,峰值降低得越多;冻融后灰度直方图整体形状仍为单峰型。

由于初始 CT 图像与冻融后 CT 图像截取的大小与位置相同,因此冻融前后图像具有相同的像素数。冻融后像素峰值的减小及灰度下限值的降低等说明,冻融循环作用使混合料内部产生微损伤。表现在 CT 图像上,即为部分区域灰度值减小,且随着冻融次数的增大灰度值像素数减小;而冻融 15 次后 CT 图像灰度直方图仍为单峰型,表明微损伤的拓展过程十分缓慢。

b. 基于灰度直方图的损伤变量计算方法。

为了定量描述冻融作用引起的微损伤,定义灰度值在 140～165 内的像素数即为微损伤,并以灰度值在 140～165 内的像素数与总像素数的比值作为损伤变量。对标准养生 28d 的 3 组冻融组每个试件中心区段截面图初始与冻融后 CT 图像进行计算。绘制损伤变量曲线如图 5-14 所示。损伤变量按下式计算:

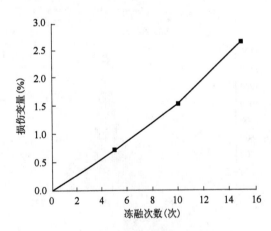

图 5-14　石灰粉煤灰煤矸石混合料细观损伤变量

$$D = \frac{A_1}{A_2} = \frac{N_1}{N_2} \qquad (5\text{-}14)$$

式中:D——以微损伤面积为基准的细观冻融损伤变量(%);

A_1——微损伤区域面积(mm^2);

A_2——截取区域总面积(mm^2);

N_1——微损伤区域像素数;

N_2——截取区域总像素数。

由图 5-14 可以看出,混合料损伤变量随冻融次数的增加而增大,冻融 5 次后损伤变量为 0.73%,冻融 10 次后损伤变量为 1.55%,冻融

15 次后损伤变量为 2.68%。

　　c. 损伤变量的横向分布。

　　为研究内部损伤,所以去除外部 0~15mm 内区域,以截面中心为圆心,半径为 60mm 的圆形为最终研究区域,将其按照距离圆心的远近分解成 6 个区,如图 5-15 所示。将标准养生 28d 冻融组的全部初始 CT 扫描图像与冻融后 CT 扫描图像,分别以分解后的 6 个分析区域作为分析灰度直方图的目标区域。按式(5-16)计算出不同区域的损伤变量大小,结果见表 5-13,相应的曲线图如图 5-16 所示。

损伤变量横向分布　　　　　　　　　　　　　　　　　　　　　表 5-13

冻融次数（次）	不同区域的损伤变量(%)					
	距圆心 0~10mm	距圆心 10~20mm	距圆心 20~30mm	距圆心 30~40mm	距圆心 40~50mm	距圆心 50~60mm
5	0.21	0.27	0.32	0.45	0.73	1.27
10	0.35	0.48	0.59	0.71	1.62	2.86
15	0.52	0.86	1.05	1.27	2.97	4.77

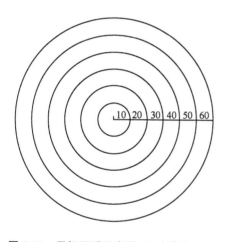

图 5-15　目标区域示意图(尺寸单位:mm)

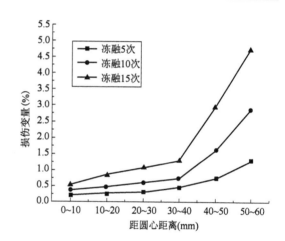

图 5-16　损失变量横向分布图

　　由图 5-16 可以看出:延横向方向,损伤变量随着冻融次数的增加而增加;细观损伤变量随着离圆心的距离增加而增大,圆心附近损伤较小,40mm 以外区域损伤变量增大明显。

　　d. 损伤变量的纵向分布。

　　以试件中间的横截面为基准,分别向上、向下 60mm 的区域内,每隔 10mm 分析一个横截面冻融后的损失变量,规定上方横截面距中间横截面的距离为正,下方横截面距中间横截面的距离为负。每个横截面以截面中心为圆心,半径为 60mm 的圆形区域作为目标分析区域。按式(5-16)计算纵向不同位置横截面的损伤变量,结果见表 5-14 所示,并将结果绘制成折线图如图 5-17 所示。

损伤变量纵向分布　　　　　　　　　　　　　　　表 5-14

冻融次数（次）	距中间横截面不同距离横截面的损伤变量（%）						
	0mm	10mm	20mm	30mm	40mm	50mm	60mm
5	0.38	0.43	0.49	0.51	0.63	0.94	1.51
10	0.70	0.76	0.92	0.95	1.13	2.55	3.34
15	1.31	1.50	1.54	1.67	1.75	4.61	5.62
冻融次数（次）	距中间横截面不同距离横截面的损伤变量（%）						
	0mm	−10mm	−20mm	−30mm	−40mm	−50mm	−60mm
5	0.38	0.46	0.48	0.54	0.61	0.96	1.49
10	0.70	0.78	0.93	0.96	1.11	2.59	3.29
15	1.31	1.48	1.55	1.69	1.72	4.59	5.67

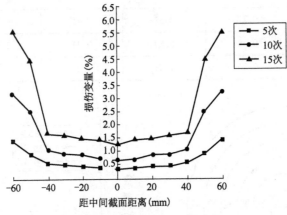

图 5-17　损失变量纵向分布图

由图 5-17 可以看出：构件的损伤变量纵向分布与横向分布相似，即损伤变量随着冻融次数的增加而增加；细观损伤变量随着离圆心的距离增加而增大，圆心附近损伤较小，40mm 以外区域损伤变量增大明显。

e. 煤矸石的损伤变量。

以截面中心为圆心，半径为 60mm 的圆形区域中的煤矸石作为目标分析区域。将标准养生 28d 的 3 组冻融组初始 CT 扫描图像与冻融后 CT 扫描图像，以该目标区域分析灰度直方图。计算出煤矸石损伤变量如表 5-15 所示。

煤矸石的损伤变量　　　　　　　　　　　　　　　表 5-15

冻融次数（次）	煤矸石损伤变量（%）	冻融次数（次）	煤矸石损伤变量（%）
5	0.042	15	0.094
10	0.071		

由表 5-15 可知，煤矸石冻融循环后损失变量远小于混合料的损伤变量，故混合料的冻融损伤主要由原材料的胶结料引起。

（3）混合料冻融损伤特性。

微观结构上讲，石灰粉煤灰煤矸石混合料为多孔隙结构，其孔隙可分为凝胶孔、收缩孔和毛细管孔隙，凝胶孔和收缩孔的直径非常小，毛细管孔直径较大。微毛细孔中的水只有在−78℃以下才会冻结，因此在自然气候条件下对混合料抗冻性几乎没影响。毛细管孔隙孔径大，水可渗入和迁移，这种自由活动水的存在，是导致煤矸石混合料遭受冻害的主要原因。自由水遇冷结冰发生体积膨胀，引起内部抗拉和抗压结构强度的破坏。当膨胀压力超过混合料抗拉强度时，结构会产生微损伤；经过一定次数的冻融循环后，这种微损伤逐步累计，不断扩大导致强度逐渐降低。

通过上述微观图像分析，冻融循环作用对煤矸石混合料造成损伤如下：

①冻融循环作用对煤矸石混合料内部有一定的损伤，且随冻融循环次数的增大而增大。

②冻融循环作用对试件中心半径 40mm 范围内损伤较小，40mm 以外范围微损伤增大明显，且随着距中心距离的增加而增加。

③冻融循环对煤矸石混合料内部损伤主要由混合料中的胶结料引起，而非煤矸石。

5.4.2　石灰粉煤灰煤矸石混合料干湿循环性能研究

对混合料试件进行干湿循环试验，通过混合料的外观变化、质量变化率和强度变化率对混合料进行宏观抗冻性能分析，利用数字成像技术对混合料干湿循环前后进行微观分析。

5.4.2.1　干湿循环试验设计

（1）混合料配合比的确定。

干湿循环试验配合比确定同冻融循环试验配合比，具体方案为：石灰∶粉煤灰∶煤矸石 = 0.06∶0.20∶0.74。

（2）相关材料说明。

试验使用材料同冻融循环试验材料。

（3）养生龄期与干湿循环次数的确定。

为深入研究混合料干湿循环后的损伤机理，分别对混合料 28d 龄期干湿循环 15 次和 30 次的试件进行测试分析，具体方案如表 5-16 所示。

试件制作方案

表 5-16

养生龄期(d)	组别	干湿循环次数	组数	个数
28	对照组	0	1	9
	干湿组	15	1	9
		30	1	9

（4）CT 扫描试验方案。

选择标准养生 28d 干湿循环 15 次、30 次的三组试件。①对达到标准养生 28d 后的三组试件进行连续 CT 扫描,得到石灰粉煤灰煤矸石混合料初始细观结构图像;②试件达到规定干湿循环次数后进行连续 CT 扫描,得到石灰粉煤灰煤矸石混合料干湿后细观结构图像。

在石灰粉煤灰煤矸石混合料初始及干湿后的细观结构 CT 扫描试验中,每个试件扫描 29 个层面,层面间隔 5mm。在初始 CT 扫描阶段,准确测量每个试件的摆放位置并做上标记。干湿循环后试件 CT 扫描阶段,将每个试件对应摆放到初始 CT 扫描过程中标记好的位置上。

CT 扫描设备及参数与上述冻融循环设备及参数。

5.4.2.2 试验现象

干湿循环 15 次、30 次后,混合料试件外观发生了不同程度的破损现象,具体变化情况如图 5-18 所示。

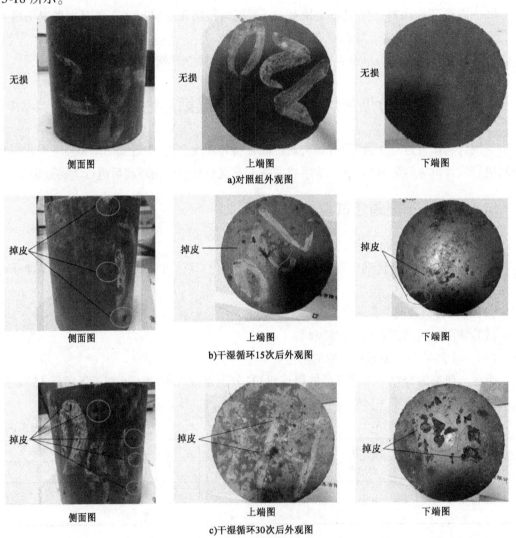

图 5-18 对照组与干湿循环组外观变化对比

通过对比以上几组图像可以看出,对照组在标准养护28d后表面几乎没有损坏现象,干湿循环15次后表面出现掉皮现象;干湿循环30次试件表面出现较大面积的掉皮现象。

5.4.2.3 宏观干湿循环水稳定性能结果及分析

对照组和干湿循环组的试验结果如表5-17所示。其中质量变化率按式(3-20)计算,强度变化率按式(3-21)计算。

干湿循环试验结果　　　　　　　　　　　　　　　　　表5-17

龄期(d)	干湿循环次数	质量变化率(%)	无侧限抗压强度(MPa)	强度变化率(%)
28	0	0	5.84	0
	15	0.11	8.42	144.18
	30	0.28	8.89	152.23

由表5-17可以看出,龄期28d,干湿循环15次、30次后质量变化极小,无侧限抗压强度成大幅度增加。主要原因是干湿循环过程中的温度和湿度环境,增大了石灰的激发效果,加快了水化反应的进行,因此混合料强度增长较快。

5.4.2.4 基于CT数字成像的干湿循环特性微观分析

对试件同一位置处干湿循环前后二维横截断面CT扫描图像灰度值进行对比,分析其微观特性。图像增强降噪处理后结果见图5-19和图5-20。

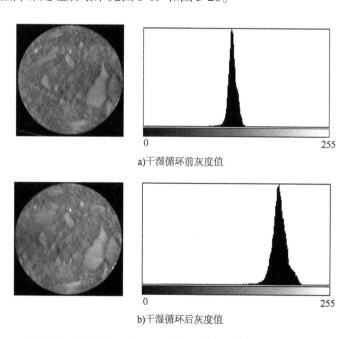

a)干湿循环前灰度值

b)干湿循环后灰度值

图5-19　编号 G15-1(45mm 处)15次干湿循环前、后灰度值

图 5-19 为试件 G15-1 深度 45mm 处干湿循环 15 次前、后 CT 扫描的二维断面图像及灰度值变化情况。图 5-20 为试件 G30-1 深度 45mm 处干湿循环 30 次前、后 CT 扫描的二维断面图像及灰度值变化情况。用 Image J 软件对 CT 扫描图像进行导入分析后灰度值的结果。密度越大表现为图像越亮,密度越小表现为图像越暗。

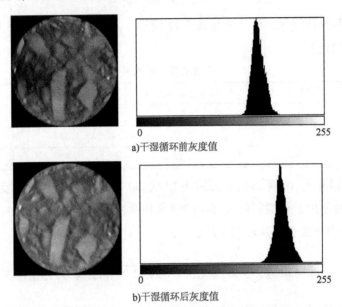

a)干湿循环前灰度值

b)干湿循环后灰度值

图 5-20　编号 G30-1(45mm 处)30 次干湿循环前、后灰度值

由图 5-19、图 5-20 可以看出,干湿循环后试件内部的 CT 扫描图像的灰度值明显增大,说明干湿循环后混合料内部无损伤,表现在宏观数据上就是无侧限抗压强度提高,因此石灰粉煤灰煤矸石混合料干湿循环水稳定性良好。

5.5 石灰粉煤灰煤矸石混合料特点

由石灰粉煤灰混合料试验结果,可以看出该材料具有以下特点:

(1)固废利用率高。

混合料中煤矸石、粉煤灰工业固废所占比例超过 87%,最高可达 94%。

(2)力学性能良好。

石灰粉煤灰煤矸石混合料,其 7d 无侧限抗压强度最高可达到 3.4MPa,达到高速公路一级公路极重、特重交通基层及底基层使用要求。

(3)耐久性能良好。

材料的水稳定性能突出,试块 28d 龄期 5 次冻融循环抗冻性指标大于 70%,干湿循环 15 次后无侧限抗压强度增长超过 40%。

第 6 章

煤矸石混合料地基承载性能研究

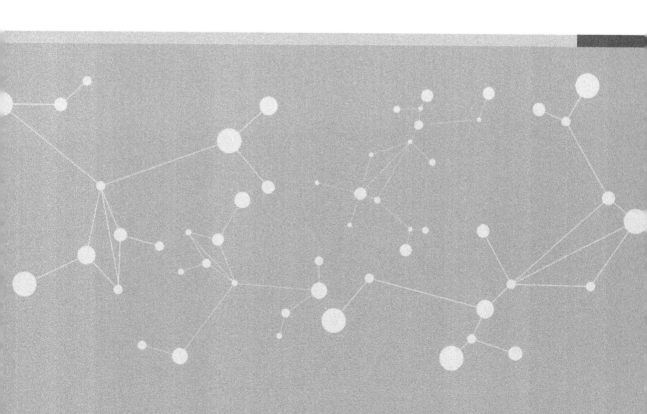

换填垫层法是挖去表面浅层软弱土层或不均匀土层,回填坚硬、较粗粒径的材料,并夯压密实形成的垫层。常用于浅层软弱土层及不均匀土层的地基处理,一般采用砂石、粉质黏土、灰土等换填。而此种方式材料需求量大,如能将煤矸石混合料用于地基换填中,将会降低工程造价、节约成本、减少环境污染。

根据本书前几章及相关资料表明,煤矸石混合料用于地基换填技术具有较强的可行性,但目前相关研究较少,故作者团队对混合料的地基承载性能和填筑施工工艺进行研究。

6.1 地基承载性能试验方案

地基承载力的检测方法中,平板载荷试验是最常用和最直接的方法。平板载荷试验是在一定面积的刚性承压板上向地基土逐级施加荷载,测定承压板下应力主要影响范围内天然地基或人工地基、单桩、复合地基的承载力和变形特性的原位测试方法。由于与建筑物基础工作条件相似,一般认为载荷试验确定的地基承载力相比其他测试方法更接近实际。

在实际工程中,静载荷试验的检测点数量不应少于 3 个,各试验实测值的极差不超过其平均值的 30% 时,取平均值作为该处理地基承载力的特征值;极差超过平均值的 30% 时,应分析极差过大的原因,结合工程具体情况确定地基的承载力特征值,必要时增加试验数量。

6.1.1　填筑材料设计

6.1.1.1　承载力要求

本试验研究的目的是将石灰粉煤灰煤矸石混合料用于地基换填和场地填筑,研究用其替代沙砾垫层或其他常用换填材料的可行性和技术参数。以 20 层建筑的地基承载需求为目标进行估算,所需地基承载力一般不大于 400kPa。故此次试验的目标是确定地基承载特征值达到 400kPa。

6.1.1.2　设计配合比

根据第 5 章石灰粉煤灰煤矸石混合料的试验结果,综合考虑经济和强度两种因素的影响,设计 2 个配合比进行地基换填承载性能试验。配合比 1 方案主要消耗煤矸石,故其煤矸石的含量达到 78.8%,但消石灰含量低,其 7d 无侧限抗压强度为 1.72MPa;配合比 2 方案提高了消石灰的含量,但其煤矸石的含量也达到 75.1%,其 7d 无侧限抗压强度较大,达到了 1.97MPa。两种配合比方案如下:

配合比1:煤矸石:粉煤灰:消石灰 = 0.788:0.174:0.038

配合比2:煤矸石:粉煤灰:消石灰 = 0.751:0.196:0.053

6.1.1.3 混合料压实系数

参考《建筑地基处理技术规范》(JGJ 79—2002,现为 JGJ 79—2012)规定的不同材料的压实度要求(表6-1),结合石灰粉煤灰煤矸石混合料的特点,综合考虑现场便于施工、易于控制等因素,试验设计了2种压实系数0.97、0.94。另外,考虑煤矸石一般产于矿区,而矿区的场地填筑需土量大,根据场地填筑的一般要求还设计了压实系数0.91的方案。

不同材料的垫层压实标准 表6-1

施工方法	换填材料类别	压实系数
碾压振密或夯实	碎石、卵石	0.94 ~ 0.97
	砂夹石(其中碎石、卵石占全重的30% ~ 50%)	
	土夹石(其中碎石、卵石占全重的30% ~ 50%)	
	中砂、粗砂、砾砂、角砾、圆砾、石屑	
	粉质黏土	
	灰土	0.95
	粉煤灰	0.90 ~ 0.95

6.1.2 承压板尺寸确定

承压板的大小是试验的关键,承压板的面积越大,越能更好地反映基础与地基间的相互作用。承压板面积过大,需要的堆载越大,试验难以进行;而面积过小则无法反映地基的真实承载力。

承压板面积一般为 $0.25 \sim 0.50 m^2$,对于均质、密实的地基土可采用 $0.10 m^2$,对于软土和颗粒较大的地基土不应小于 $0.5 m^2$。国内外标准规定的承压板面积见表6-2。

静载试验不同标准规定的承压板面积 表6-2

标准名称	承压板面积(m^2)
岩土工程勘察规范(GB 50021—2001)	0.25 ~ 0.50
建筑地基基础设计规范(GB 50007—2011)	0.25 ~ 0.50
岩土静力载荷试验规程(YS/T 5218—2018)	0.10 ~ 0.50
美国 ASTM	0.10 ~ 0.36
日本标准	0.09
苏联标准	0.10 ~ 1.00
波兰标准	≥0.50

根据预估地基极限承载力,综合考虑校内试验室的实际情况,确定承压板采用边长为 $0.353 m$ 的正方形,其面积为 $0.125 m^2$。

6.1.3　地基换填试验场地及测点布置

地基换填的试验场地在河北工程大学土工试验室内,利用了 2 个 3.6m × 3.6m 的正方形试验坑。

6.1.3.1　地基换填的厚度及测点宽度

地基的平板载荷试验的影响深度一般不超承压板宽度的 2 倍,根据前面选择的地基承压板宽度为 0.353m,确定地基换填的厚度(即载荷试验影响深度)不应小于 0.709m,本试验地基换填的厚度为 0.78m。

为了保证每个测点的测试区域不相互影响,各测区的宽度必须满足要求。该种地基的材料从性质上与灰土地基比较相似,《建筑地基处理技术规范》(JGJ 79)给出的灰土地基的扩散角为 28°,其他材料的地基的扩散角不超过 30°。因此预估该材料的压力扩散角为 30°。这样经计算每个测区的宽度为 $D = d + 2h\tan\theta$,其中 d 为承载板的宽度,θ 为压力扩散角,h 为载荷试验影响深度。根据以上公式确定测区的宽度为 1.2m。

6.1.3.2　测点布置

根据以上确定的每个测点宽度,结合每个单体工程测试点数不宜少于 3 个的要求,确定每个试坑内设计 9 个测试点,可以进行 3 种不同换填要求的地基承载特性试验。

根据第 5 章试验的两种煤矸石,原材料选择了东庞矿煤矸石(文中简称煤矸石 B)、显德汪矿煤矸石(文中简称煤矸石 C)两种,再结合选择的 2 种配合比与 3 种压实系数,共设计了表 6-3 所示的 6 种方案 18 个测点,测点具体布置如图 6-1 所示。

试验测点方案　　　　　　　　　　　　　　　　　　　　　　　　　　　表 6-3

试验方案	测点编号	煤矸石种类	配合比	压实系数
方案一:A 区	A1、A2、A3	煤矸石 C	1	0.97
方案二:B 区	B1、B2、B3	煤矸石 C	1	0.94
方案三:C 区	C1、C2、C3	煤矸石 C	2	0.97
方案四:D 区	D1、D2、D3	煤矸石 C	2	0.94
方案五:E 区	E1、E2、E3	煤矸石 B	1	0.94
方案六:F 区	F1、F2、F3	煤矸石 B	1	0.91

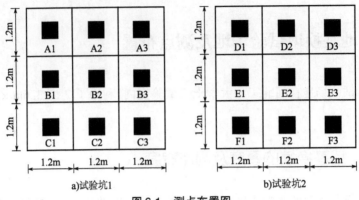

a)试验坑1   b)试验坑2

图 6-1　测点布置图

6.1.4　加载方案

6.1.4.1　加载方式

本试验采用堆载式反力系统,河北工程大学土工试验室现有设备可以满足试验的需要。反力系统如图 6-2 所示。

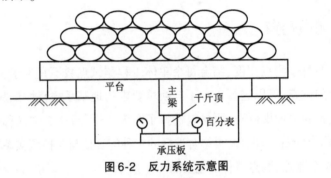

图 6-2　反力系统示意图

6.1.4.2　加载制度

本次试验采用分级维持荷载沉降相对稳定法,即慢速法。根据慢速维持荷载法逐级加载的要求,荷载分级不应少于 8 级,最大加载量不应小于设计要求的两倍。

参考第 5 章的 7d 无侧限抗压强度和回弹模量等试验结果,初步判断这种混合料属于低压缩性土,其压缩变形较小,故确定每级加载量为 150kPa,暂按 10 级加载,最大加载量预估为 1500kPa。

每级加载后,按间隔 10min、10min、15min、15min、30min,以后为每隔半小时测读一次沉降量,当在连续两个小时内,每小时的沉降量小于 0.1mm 时,则认为已趋稳定,可加下一级荷载。

当出现下列情况之一时,即可终止加载:

(1)承压板周围的土明显地侧向挤出。

（2）沉降 s 急骤增大,荷载-沉降(p-s)曲线出现陡降段。

（3）在某一级荷载下,24h 内沉降速率不能达到稳定。

（4）沉降量与承压板宽度或直径之比大于或等于0.06。

当满足前三种情况之一时,其对应的前一级荷载定为极限荷载。

6.2 石灰粉煤灰煤矸石混合料试验坑填筑

6.2.1 混合料制备

6.2.1.1 原材料准备

粉煤灰、消石灰粉等原材料与第5章所用材料一样,具体要求见相应章节内容。

煤矸石 B、煤矸石 C 经过各项实验测试,物理材性如表6-4所示,化学性质如表6-5所示。

煤矸石相关物理材性试验结果 表6-4

性质	煤矸石 B		煤矸石 C	
颗粒级配	C_c	C_u	C_c	C_u
	6.14	34.35	2.28	17.03
密度（g/cm³）	2.154		2.560	
压碎值（%）	29.6		25.6	
自由膨胀率（%）	27		17	
耐崩解性（%）	97.25		99.3	

注:C_c 为曲率系数;C_u 为不均匀系数。

煤矸石化学性能试验结果 表6-5

煤矸石类别	烧失量（%）	化学组成				
		Fe_2O_3（%）	CaO（%）	SiO_2（%）	Al_2O_3（%）	其他
煤矸石 B	13.62	3.76	30.23	49.60	13.49	2.92
煤矸石 C	17.48	2.32	15.81	57.14	21.32	3.41

6.2.1.2 最佳含水率和最大干密度的确定

通过室内击实试验,测得混合料的最佳含水率和最大干密度。

煤矸石 C 混合料配合比1:最佳含水率为10.45%,最大干密度为1.868g/cm³。

煤矸石 C 混合料配合比2:最佳含水率为9.89%,最大干密度为1.826g/cm³。

煤矸石 B 混合料配合比1:最佳含水率为10.01%,最大干密度为1.997g/cm³。

6.2.1.3 混合料的拌和

根据试验室的使用条件,石灰粉煤灰煤矸石混合料填筑选用了搅拌机、量筒、电子天平、电子秤、水桶等工具。混合料拌和工艺如下:

(1)严格按照配合比准确计算称量,确保水、粉煤灰、石灰、煤矸石准确。

(2)混合料拌制时,先加入石灰、粉煤灰搅拌约30s,使石灰、粉煤灰充分混合均匀;然后加入煤矸石搅拌120s。

(3)水应在混合料搅拌15s后加入,这样能够使水与混合料混合均匀。加水时应防止水溅出。

(4)混合料拌制完毕后立即用塑料薄膜覆盖,闷料2~3h后方可填筑。

6.2.2 混合料填筑

6.2.2.1 混合料摊铺

闷料达到2~3h后,将混合料均匀地摊铺在试验区域内。摊料不得出现粉料或矸石集料集中现象。根据本试验所使用的压实机具工作参数及混合料特性,经过分析,确定每层虚铺厚度250mm,如图6-3所示。混合料摊铺完成之后,对其进行初步压实压平,防止夯实过程中混合料移动成团。

6.2.2.2 混合料夯实

(1)夯实机具选择。

因本试验场地较小,大型夯实机具无法使用,蛙式打夯机在试坑内旋转困难,为了提高夯实的工作效率,选择了电动HCD80型振动冲击夯,如图6-4所示,其工作参数如表6-6所示。

图6-3 混合料的摊铺及高度测量　　　　图6-4 HCD80型振动冲击夯

HCD80 型振动冲击夯性能参数表 表6-6

质量	冲击能量	前进速度	跳起高度	冲击频率	输出功率
75kg	60N·m	15.25m/min	40~65mm	250~750次/min	3kW

（2）压实度控制。

压实度的控制一般采用环刀法、灌砂法、灌水法等测定的压实系数为依据,其适用于施工现场,但是本试验是在试验室内的试验坑进行,每个测试点的面积和每层压实控制厚度都是一个定值,所以每层测点所需混合料的体积也是一个定值,再考虑试验的便利性,故本次试验的压实度控制采用体积控制法进行。

本次试验压实后的控制厚度定为200mm,根据击实试验确定的最大干密度和压实度就可计算出每层所需的混合料质量,故只需压实每一遍后进行高度测量,就能控制每个测点的压实度。为了保证试验的准确性,在压实四层后用灌水法进行压实度检测,如果压实度不满足设计要求,增加夯实遍数进行调整。夯实完毕后进行最终的压实度检测。

（3）夯填施工。

混合料初步压实压平后方可用振动冲击夯进行夯实作业,自基坑外边一点起按"回"字线路夯实一遍,然后对不同测点进行分别夯实,如图6-5所示。由第一层试夯层后确定不同压实度要求的混合料的不同压实遍数,如0.94的压实系数为5遍,经测量后厚度基本满足要求200mm。每层夯实后及时测量其压实后的实际高度,与控制高度进行对比,误差不超过±5mm。如图6-6所示。

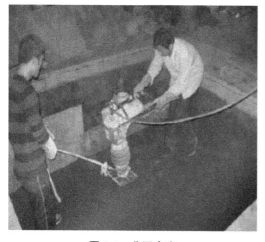

图6-5 分区夯实

图6-6 夯实后高度的测量

6.2.2.3 压实度检测

由于本试验通过高度控制压实度,压实度可能存在误差。根据《土工试验方法标准》（GB/T 50123）,选择使用灌水法测试各个试验点压实度。流程及具体操作如下:

（1）本试验煤矸石粒径最大为 37.5mm，根据试样最大粒径与试验点尺寸关系要求，故检测坑尺寸定为直径 200mm、深度 250mm。

（2）选择对静载试验影响小的部位作为检测点，将选定试验处的试坑地面整平，除去表面松散的土层。

（3）挖直径 200mm、深 250mm 的检测坑。将坑内的混合料全部取出放入托盘内称其质量，误差 ±10g 以内，并测定试样的含水率。

（4）检测坑挖好后，放上相应尺寸的套环，用水准尺找平，将大于检测坑容积的塑料薄膜袋平铺于坑内，翻过套环压住薄膜四周。

（5）用量筒称量水，将水缓慢注入塑料薄膜袋中。当袋内水面接近套环边缘时，记录加入水的多少。如袋内水面出现下降时，应另取塑料薄膜袋重做试验。

（6）完成检测之后，要用同种配比、相同质量的材料对检测坑进行回填，并夯实到原有的高度。

（7）计算密度、压实系数。实测压实系数如表 6-7 所示。数据表明，混合料在振压 3 遍的情况下压实度就已经达到 0.91 以上，说明该混合料容易被压实，煤矸石 C 比煤矸石 B 更易于压实，混合料便于现场施工。

压实系数 表 6-7

试验测点区域	压实遍数	实测压实系数
方案一；A 区	5	0.97
方案二；B 区	3	0.93
方案三；C 区	5	0.97
方案四；D 区	3	0.93
方案五；E 区	5	0.94
方案六；F 区	3	0.91

6.3 平板载荷试验及数据整理

6.3.1 试验测试系统

测试系统主要由 MFX-50 数显百分表、压式负荷传感器、JCQ-503E 型静力载荷测试仪和无线测控器组成。该系统精度高、自动化程度高，可自动提取数据，并自动判断沉降稳定，减小了人为读数和操作造成的试验误差。JCQ-503E 型静力载荷测试仪如图 6-7 所示。

根据承压板的面积、地基承载力预估值及堆载系统的最大反力值等因素，综合考虑后采用以下的加载设备，设备型号和性能参数等如表 6-8 所示，设备示意如图 6-8 所示。

图 6-7　JCQ-503E 静力载荷测试仪

加载系统设备组成 表 6-8

名称	型号	性能参数
单作用分离式千斤顶	OW100T	起重:100t; 行程:200mm
油泵	DBD0.8M	额定压力:80MPa; 工作流量:0.8L/min; 油箱容量:16L; 电动机功率:1.5kW
压式负荷传感器	YLR-3F	标定系数:2.887

图 6-8　加载系统设备示意

6.3.2　试验数据整理

试验数据较多,但数据整理过程基本一致,故本章以方案一(A 区)、方案二(B 区)为例进行试验数据的整理,其他测点数据整理过程不再赘述。

(1)绘制 $p\text{-}s$ 曲线。

一般是根据载荷试验的沉降观测的原始记录,将(p,s)数据点绘制在坐标纸上,得到 $p\text{-}s$

曲线。因本试验采用的是 JCQ-503E 静力载荷测试仪,该仪器能自动读取原始数据,并根据每级的荷载沉降值自动生成原始的 $p\text{-}s$ 曲线。如图 6-9 所示。

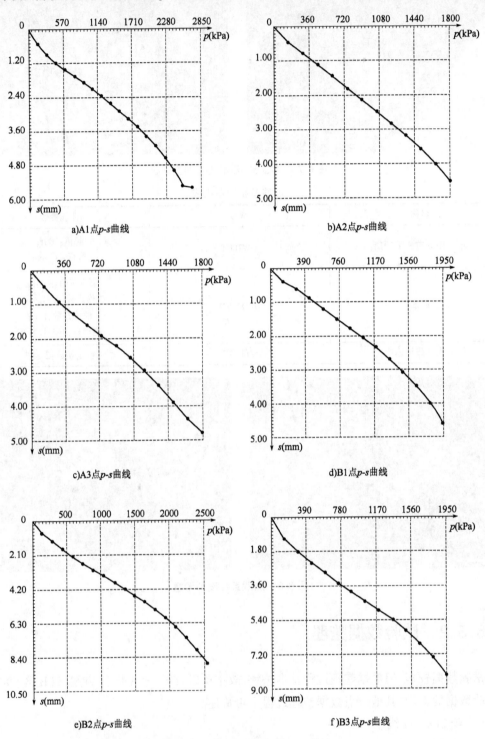

a)A1点$p\text{-}s$曲线   b)A2点$p\text{-}s$曲线

c)A3点$p\text{-}s$曲线   d)B1点$p\text{-}s$曲线

e)B2点$p\text{-}s$曲线   f)B3点$p\text{-}s$曲线

图6-9   A、B 测区各测点 $p\text{-}s$ 曲线

p-s 曲线通常有两个明显特征点——p_{cr}、p_u,其是决定地基承载力的重要参数,这两个特征点可以把 p-s 曲线分为 3 段,分别反映了地基土逐级受压以至破坏的 3 个变形阶段。直线变形压密阶段:此阶段中土体颗粒主要产生竖向位移,地基土所受压力较小,主要以压密变形或弹性变形为主,变形较小,处于稳定状态,p-s 曲线接近线性关系。直线段端点所对应的压力即为比例界限 p_{cr},可作为地基土的承载力特征值。局部剪切变形或塑性变形阶段:当压力继续增大超过比例界限时,在承压板边缘,土体出现剪切破裂或称塑性破坏,实际进入了屈服状态;随着压力继续增大,剪切破裂区不断发展,此段 p-s 关系呈曲线形状,地基出现破坏的前一级荷载称为极限界限 p_u。当极限荷载值小于比例界限荷载值的 2 倍时,可取极限荷载值的一半,作为地基土承载力特征值。整体剪切破坏阶段:如果压力继续增加,承压板会急剧下沉。即使压力不再增加,承压板仍会不断急剧下沉,说明地基发生了整体剪切破坏。

本试验的 p-s 曲线可以看出煤矸石混合料在前两级荷载作用下,沉降量较大,材料处于挤密状态,从第三级荷载以后每级的沉降量处于一个稳定状态,p-s 曲线呈直线,未出现明显的曲线段,在此过程中沉降速度的变化很小,没有发生地基破坏,不符合典型的 p-s 曲线特征,故本试验需要对数据进一步处理。

(2)s-lg$t$ 曲线。

由于试验得到的 p-s 曲线没有明显的拐点,可以在 s-lg$t$ 曲线簇中,取曲线向上凹折或者急剧转折的曲线所属的压力为比例界限压力进行判定。图 6-10 为 A、B 测区处理后的 s-lg$t$ 曲线。

通过以上图形可得各点的比例界限压力,如表 6-9 所示。

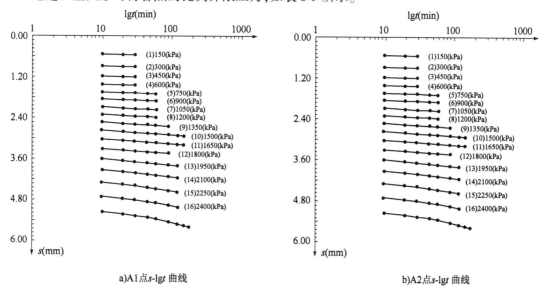

图   6-10

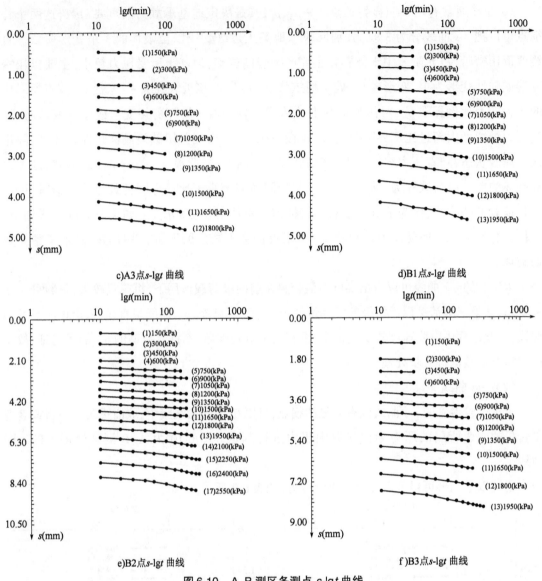

c)A3点s-lgt 曲线

d)B1点s-lgt 曲线

e)B2点s-lgt 曲线

f)B3点s-lgt 曲线

图 6-10　A、B 测区各测点 s-lgt 曲线

各测点的比例界限压力（kPa）

表 6-9

测点	A1	A2	A3	B1	B2	B3
比例界限压力	1800	1650	1500	1800	1800	1650

（3）修正后的 p-s 曲线。

由于各种因素的影响,在载荷试验中得到的 p-s 曲线有可能偏离坐标原点,这就需要对 p-s 关系曲线加以修正。一般采用以下两种方法进行修正。

图解法:先以一般坐标绘制 p-s 曲线,如果开始的一些观测点（p,s）基本上在一条直线上,则可直接用图解法进行修正。即将 p-s 曲线上的各点同时沿 s（沉降）坐标平移 s_0,使 p-s 曲线的直线段通过原点。该方法在数据处理的过程中不是特别精确,得到数据精度不高。

最小二乘法:对于已知 $p\text{-}s$ 曲线开始一段近似为一直线,可用最小二乘法求出最佳回归直线的方程式。假设 $p\text{-}s$ 曲线的直线段可以用式(6-1)表示:

$$s' = s_o + cp \tag{6-1}$$

式中: s'——修正后的沉降值(mm);

　　s_o——直线方程在沉降 s 轴上的截距(mm);

　　c——直线方程的斜率(mm^2/kN);

　　p——承压板单位面积上所受的力(kPa)。

在此式中需要确定两个系数 s_o 和 c。如果 s_o 等于零则表明该直线通过原点,否则不通过原点。求得 s_o 后, $s' = s - s_o$ 即为修正后的沉降数据。

通过数据整理分析,本试验适于采用最小二乘法进行修正。根据所得的比例界限压力(表6-7),用最小二乘法对 $p\text{-}s$ 曲线进行修正,修正后各点的 $p\text{-}s$ 曲线如图6-11所示。修正后的 $p\text{-}s$ 曲线为一直线段与一段折线的结合,比例界限压力即为直线段的终点。

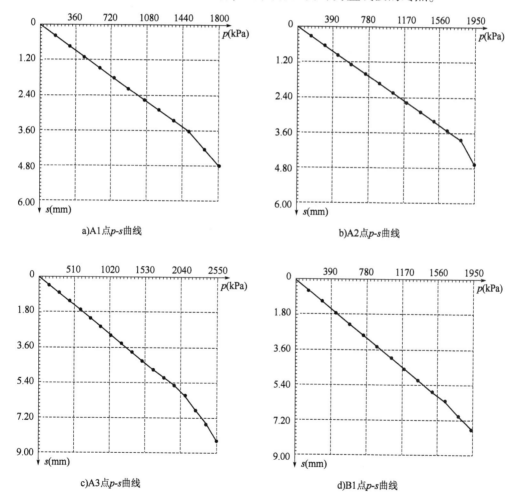

图 6-11

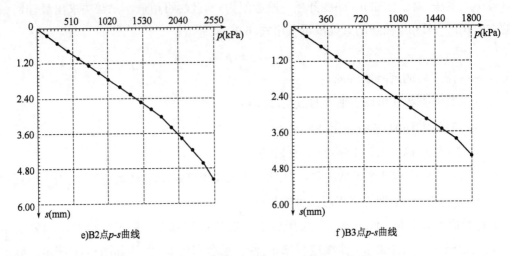

e)B2点p-s曲线　　　　　　　　f)B3点p-s曲线

图6-11　A、B 测区各测点修正后的 p-s 曲线

6.4 试验结果分析

6.4.1　地基承载力分析

一般可以根据 p-s 曲线特性,按照如下 3 个标准确定地基承载力。

(1)当 p-s 曲线有明显直线段时,可取直线段的比例界限 p_{cr} 作为地基承载力。

(2)当从 p-s 曲线上能够确定极限荷载 p_u,且 p_u 小于 p_{cr} 的 2 倍时,取 p_u 的一半作为地基承载力。

(3)当无法采用上述两种标准时,若承压板面积为 $0.25 \sim 0.50 m^2$,可取 $s/b = 0.01 \sim 0.015$(b 为承压板的直径或边长)所对应的荷载作为地基承载力,但其不应大于最大加载量的一半。

按照上述标准,根据本试验的 p-s 曲线和 s-lgt 曲线的实际情况,标准(1)和标准(2)均不适用,故按照标准(3)确定地基承载力。标准(3)按照两种方法取小值,分析如下:

第一种方法:试验的承压板的边长为 0.353m,相对沉降量 3.53mm 时修正后的 p-s 曲线所对应的荷载值如表 6-10 所示。

各测点 0.01b 对应的荷载　　　　　　　　　　　表 6-10

试验方案 (试验区)	实测 压实系数	各测点 0.01b 对应的荷载(kPa)		
		1#试验点	2#试验点	3#试验点
方案一(A)	0.97	1649	1503	1461
方案二(B)	0.93	1167	1224	979

续上表

试验方案 （试验区）	实测 压实系数	各测点 0.01b 对应的荷载（kPa）		
		1#试验点	2#试验点	3#试验点
方案三（C）	0.97	1637	1784	1584
方案四（D）	0.93	1319	1381	1322
方案五（E）	0.94	1907	1735	2088
方案六（F）	0.91	1469	1619	1381

第二种方法：此次试验由于受到加载主梁、加载块等限制，最大加载量只在 1800 ~ 2550kPa 范围内，考虑这种混合料的特性，各测点的地基承载力特征值均按照 1800kPa 的一半取值，即为 900kPa。

两种方法比较，如按照试验数值确定，石灰粉煤灰煤矸石混合料地基承载力特征值为 900kPa，但是考虑工程实际，建议此种混合料的地基承载力特征值可参照沙砾垫层使用。

从表 6-8 中可看出，在相同材料相同配比的情况下，A 和 B、C 和 D、H 和 F 两两比较，压实度越大，地基承载性能越好，表明材料越密实其抗压能力越强；不同材料相同配合比情况下，A、B 和 E、F 比较，虽然煤矸石 B 混合料的压实系数小，但其承载能力依然大于煤矸石 C 混合料，建议优先选用煤矸石 B 作为混合料的原材料；相同材料相同压实系数下，A 和 C、B 和 D 比较，配合比 2 方案的地基承载能力大于配合比 1 方案的，跟第 5 章相同配比的 7d 无侧限抗压强度趋势一致，也从另一方面验证了试验结果的正确性。

6.4.2　地基变形模量分析

变形模量是通过载荷试验求得的压缩性指标，即在部分侧限条件下，其应力增量与相应的应变增量的比值，能较真实地反映石灰粉煤灰煤矸石混合料地基的变形特性。根据平板荷载试验结果分析各试验点的变形模量，以评价其变形特性。对于各向同性地基土，当地表无超载时（相当于承压板置于地表），土的变形模量按式（6-2）计算。

$$E_0 = I_0 (1 - \mu^2) \frac{pd}{s} \tag{6-2}$$

式中：d——方形承压板的边长（cm）；

　　　μ——泊松比；

　　　I_0——沉降影响系数，方形承压板取 0.886；

　　　p——沉降曲线中直线段内任意一点的荷载值；

　　　s——沉降量（cm）；

根据式（6-2）得出各点的变形模量见表 6-11。

各测点变形模量 表6-11

试验方案 (试验区)	实测 压实系数	变形模量(MPa)			
		1#试验点	2#试验点	3#试验点	平均值
方案一(A)	0.97	143.0	125.0	121.5	129.8
方案二(B)	0.93	97.0	101.0	88.1	95.7
方案三(C)	0.97	134.5	142.0	127.5	134.7
方案四(D)	0.93	99.5	119.4	109.6	109.5
方案五(E)	0.94	144.2	158.4	173.5	158.7
方案六(F)	0.91	134.5	122.0	114.7	123.7

注:实测值的极差不超过其平均值的30%时,取此平均值作为该混合料的变形模量。

通过4种压实度变形模量的对比可以看出,煤矸石B混合料、煤矸石C混合料各自都是随着压实度的增加其变形模量明显增大,土的压缩性降低,但是煤矸石B混合料的变形模量在压实度小的情况下,依然大于煤矸石C混合料,也从另一方面说明煤矸石B混合料要优于煤矸石C混合料。但是这两种混合料的变形模量都较高,说明该混合料自身变形很小,在换填土层厚度3m以内时,其自身的变形量基本可以忽略。

6.5 煤矸石混合料地基综合性能评价

虽然本试验是在2011年完成的,但根据现行规范《建筑地基处理技术规范》(JGJ 79—2012),对于各种垫层的压实标准和承载力特征值的要求如表6-12所示。

各种垫层的压实标准和承载力特征值 表6-12

施工方法	换填材料类别	压实系数	承载力特征值 (kPa)
碾压振密 或夯实	碎石、卵石	≥0.97	200~300
	砂夹石(其中碎石、卵石占总质量的30%、50%)		200~250
	土夹石(其中碎石、卵石占总质量的30%、50%)		150~200
	中砂、粗砂、砾砂、角砾、圆砾		150~200
	石屑		120~150
	粉质黏土	≥0.95	130~180
	灰土		200~250
	粉煤灰		120~150

虽然石灰粉煤灰煤矸石混合料试验时的压实系数没有达到现行规范的数值,但是试验得到的地基承载力大于JGJ 79—2012的要求,如果按照表6-12的压实系数进行填筑,地基承载力可以更好地满足要求。在实际工程的应用中,可以替代一般沙砾垫层换填,甚至可以达到密实沙砾垫层换填的效果。

此项试验达到了预期的试验目的,试验数据和结果可以给工程实际应用提供参考,但在应用中应注意煤矸石种类的不同和配合比不同所带来的影响。

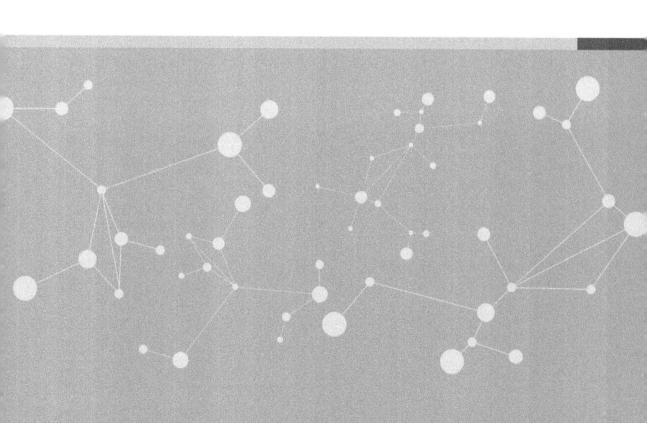

第 7 章

煤矸石混合料工程应用实例

7.1 ▶ 石灰钢渣煤矸石混合料工程应用

7.1.1　工程概况

该工程依托于邯郸市某县全域旅游农村公路建设项目,该项目于 2022 年初完工通车。公路全长 5.501km,路面基层宽度 7m,设计时速 30km/h,公路等级 3 级。施工所在地位于暖带,属于大陆季风性气候,雨量适中,秋、春两季短,冬、夏两季长,全年平均气温 10 ~ 21℃,年平均降雨量 892.3mm。试验路段摊铺里程桩号 K4 + 300 ~ K4 + 500,总长 200m,采用两层连铺的方式,基层和底基层均采用 18cm 的煤矸石混合料,试验段的结构示意图如表 7-1 所示。

路面材料设计参数　　　　　　　　　　　　表 7-1

结构层位	材料名称	结构层厚度(cm)	泊松比
面层	中粒式改性沥青混凝土	7	0.25
基层	煤矸石混合料	18	0.25
底基层	煤矸石混合料	18	0.25
地基	土基	—	0.40

7.1.2　施工准备

7.1.2.1　材料准备

煤矸石粒径范围 0 ~ 31.5mm,压碎值不大于 30%,其余各项性能指标满足公路路面基层施工技术要求。石灰选用钙质的石灰粉,粒径范围 0 ~ 0.5mm。钢渣粒径范围 0 ~ 5mm,浸水膨胀率不应超过 2%。

参照前述章节的试验结果,结合煤矸石等原材料成本,综合选定石灰钢渣煤矸石的配合比为:煤矸石∶石灰∶钢渣 = 64∶7∶29。通过击实试验,该混合料的最佳含水率和最大干密度分别为 10.8% 和 2.132g/cm^3。

7.1.2.2　人员及机械配置

项目施工前,工程首先要对施工组织管理机构做适当调整,健全工地试验室,设立符合试验标准的操作人员,确定不同质量控制过程的核心人员。工程管理人员需要按照规定时间进入施工场地,并向监理工程师提交申请。关键施工机械进场,则需要提交监理工程师申请,批准实施才能进入施工场地,主要施工机械设备如表 7-2 所示。

主要施工机械设备   表 7-2

序号	机械设备名称	型号规格	数量	生产能力
1	胶轮压路机	徐工 XP301	1	良好
2	压路机	LGS822B	1	良好
3	摊铺机	SAP2000C-6	1	良好
4	自卸汽车	解放牌 15t	24	良好
5	洒水车	8t	3	良好

7.1.2.3　地基表面处理

参照公路施工质量验收的相关规定,施工前,首先需要保持地基整洁度,将地面积水或是泥土全部清理完毕,对坑洼不平处进行有效处理,利用机械将基底进行整平,将一些突出石块全部挖除,填充大量细料,并将其压实,以便达到设计标准。

7.1.3　试验路段施工

2021 年 12 月 16 日至 12 月 17 日,在河北省邯郸市某县进行了试验路段铺筑,天气晴转多云,温度 −2 ~ 11℃,如图 7-1 所示。试验路铺筑前,对现场所用材料、机械设备均已检查完毕,符合相关标准要求。

图 7-1　试验路铺筑

7.1.3.1　铺筑试验段目的

按照施工流程,在施工现场进行全面施工前,应进行现场试验段铺筑,其主要目的如下:

(1)总结出合理的机械设备配置、不同机械组合形式及辅助人员配备。

(2)确定路面基层施工时的碾压遍数、松铺厚度等基本参数。

(3)通过试验段施工收集相关试验数据,确定煤矸石混合料路面基层的施工工艺和质量控制技术,为实际施工提供指导和技术规范。

7.1.3.2　碾压施工机理

混合料摊铺结束以后,为了使路面基层达到设计的压实度标准,一般采取分层填筑分层碾压的方式,主要以静压和振压两种方式为主。

静压大多是通过机械重力形成的较为明显的静滚压力作用,使材料出现永久性变形,最后实现良好的压实效果。其压实基本特征在于,碾压循环需要漫长的时间,而材料应力则不会发生很大变化,大多应用在路面基层施工过程中的初压和稳压两个环节。

振压大多是利用物体本身的自重和振动器产生的作用力,使得被压实材料保持较为明显的垂直振动,致使颗粒间摩擦力下降,颗粒间距缩短,密实度增加,以此达到压实效果。其基本特征在于过程不长,加载速度快;同时,还可以结合不同类型铺筑材料,确定最佳振动频率,达到逐步压实的效果。

7.1.3.3　碾压工艺的确定

(1)碾压遍数确定。

试验路段施工过程中,选用 LGS822B 振动压路机,按照"静压 1 遍 + 振压 4 遍 + 静压 2 遍"的组合方式,进行路面基层施工。为验证不同碾压遍数的压实效果,分别在振压 2 遍、振压 3 遍、振压 4 遍和静压 2 遍后,采用灌砂法检测压实度,基层、底基层压实度如表 7-3、表 7-4 所示。

基层压实度检测结果　　　　　　　　　　　　　　　表 7-3

碾压遍数	压实度(%)	结果评定
静 1 + 振 2	93.1	不合格
静 1 + 振 3	93.9	不合格
静 1 + 振 4	94.6	不合格
静 1 + 振 4 + 静 2	96.4	合格

底基层压实度检测结果　　　　　　　　　　　　　　表 7-4

碾压遍数	压实度(%)	结果评定
静 1 + 振 2	92.3	不合格
静 1 + 振 3	93.7	不合格
静 1 + 振 4	94.3	不合格
静 1 + 振 4 + 静 2	95.6	合格

压实度代表值按式(7-1)计算:

$$K = \bar{k} - \left(\frac{t_{\partial}}{\sqrt{n}}\right)S \geq K_0 \qquad (7\text{-}1)$$

式中:$\bar{k}$——压实度平均值;

t_{∂}——t 分布变化系数;

      S——检验值的标准差;

      n——检测点数;

      K_0——压实度标准值。

  由表7-3和表7-4可知,26cm厚煤矸石混合料路面基层经过"静压1遍+振压4遍+静压2遍"后,基层、底基层的压实度分别为96.4%、95.6%,满足二级及二级以下公路对于压实度的要求。说明该技术方案具备可行性,能够用于实际的施工。

  (2)松铺系数的确定。

  松铺系数是松铺厚度与达到规定压实度的压实厚度之比,是道路基层施工的一项技术参数,和压实效果有着直接关系。本工程设计压实厚度为18cm,结合压实机械,分两层摊铺煤矸石混合料,每摊铺一层都要做摊铺厚度检测,检测过程如图7-2所示。

图7-2　摊铺厚度检测

  经过现场的实际检测,松铺系数如表7-5所示,26cm厚煤矸石混合料路面基层的松铺系数为1.43,满足要求。

松铺系数　　　　　　　　　　　　　　　　　　　　　　　　　　　　　　　表7-5

试验编号	松铺厚度设计值(cm)	压实厚度实测值(cm)	松铺系数	平均值
1	26	18.5	1.41	1.43
2	26	18.1	1.44	

7.1.4　施工工艺

  根据现场试验段的铺筑,总结煤矸石混合料路面基层的施工工艺,如图7-3所示。

  (1)施工放样。

  对道路沿线中的导线点做好多次监测,在底基层当中维持中线位置不变,直线段每隔15~20m距离设置一桩,平曲线段则是每隔10~15m距离设置一桩,最后在两侧道路旁标出指示桩。

（2）混合料拌和。

混合料的拌和过程,在附近的拌和站进行。拌和站距离施工现场不远,方便运输。在拌和站中,使用自动化的拌和设备,基于前期设定的配合比进行试验操作,并对料口皮带转速等因素进行控制,保障拌和的质量。拌和生产过程中,按照室内试验所测得的最佳含水率加水,并随机进行几次抽样试验测试混合料的含水率,对不满足配合比要求的混合料进行调整。拌和过程如图 7-4 所示。

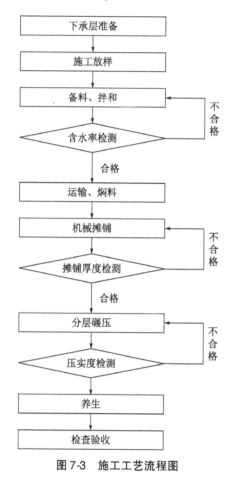

图 7-3 施工工艺流程图

图 7-4 混合料拌和

（3）含水率检测。

在铺筑的过程中,相关负责人要每天对混合料的含水率进行检测,具体检测结果如表 7-6所示。

现场含水率 表 7-6

试验编号	试样含水率(%)	平均含水率(%)
1	12.94	12.72
2	12.50	

由表7-6可知,现场拌和的混合料含水率数值比室内试验最佳含水率大,故应对煤矸石混合料做翻土晾晒处理,适当降低含水率,并辅以人工搅拌,使混合料含水率均匀,然后进行下一步摊铺工作。

(4)运输及焖料。

混合料由大型自卸重型载货汽车运输至施工现场,运输车的数量应根据工程量的大小和运距的长短来确定,做到连续运输,保证连续供料连续摊铺。载货汽车顶部用苫布覆盖,避免混合料在空气中暴露导致水分蒸发。混合料运输时间约为1.5h。在载货汽车达到现场后,管理人员应及时测定混合料的温度,保障其符合摊铺的标准。为保证集料充分浸润,同时不耽误现场施工,将混合料静置4h后进行摊铺。

(5)混合料摊铺。

混合料摊铺前,应检查下承层是否平整,以确保正常施工。待运输车将混合料运送到施工现场后,使用三一重工摊铺机对混合料进行摊铺,摊铺速度控制在2.6m/min,在摊铺的过程中,应有5~8辆运输车等待摊铺,保证摊铺机速率与运输车速率保持一致。除此之外,现场还应设置专门的负责人员进行分料,将路面上突出的粗颗粒"窝"进行人工铲除,并及时补充新的拌合料。摊铺过程如图7-5所示。

图7-5　摊铺机摊铺

(6)机械碾压。

用压路机进行碾压时,由道路两侧逐步转移至中心碾压,随着混合料逐步压实,碾压速度可以缓慢提高。在碾压过程中,表层失水速度愈发加快,应及时喷洒部分水,维持表面的湿润。

碾压方式主要以分层碾压为主,为了使压实度达到设计标准,在每层碾压结束,应用标尺完成碾压高度的调整,对不符合设计标准的部分进行填补和铲除,然后将其二次压实,直到其达到设计标准。碾压过程如图7-6所示。

(7)养生及交通管制。

压实成形后,应及时用薄膜覆盖并加盖保温材料进行养生,确保路面保持湿润状态,并在现场进行交通管制,如图7-7所示。

图 7-6　碾压

图 7-7　现场养生

7.1.5　质量控制及检测

7.1.5.1　质量控制

（1）含水率控制。

含水率是石灰钢渣煤矸石混合料配合比中一个重要的指标,对混合料强度影响很大。有研究表明,当混合料含水率不足时,石灰无法做到全部水化,也很难发挥碱性激发剂的效果,不利于强度的形成。此外,当含水率过低时,使得煤矸石混合料无法得到强有力的压实;当含水率过高时,混合料会随着车轮碾压发生变化,碾压难度加大,并且铺筑结束后,则会出现较为明显的干缩裂缝。故应每天对拌和站内拌和的混合料进行含水率检测,如果填料湿度不合理,要注意含水率的调整,及时反映给控制室。水分太少应对其洒水,水分太多则应进行翻晒。

（2）集料级配控制。

为使混合料施工可以达到标准的和易性，在项目施工环节，则需要尽可能取消超粒径含量，从而使混合料呈现出均匀分布的特征。当完全消除超粒径含量有一定困难时，在保证混合料基本性能条件下，超粒径含量应当保证拥有 2%～3% 的空间。因此，在集料进入运输车之前，进行人工取样，采用四分法将试样分为两份，带回试验室进行烘干处理，待集料完全干燥后，进行筛分试验，计算出每一档的平均累计通过率，并及时反映给控制室。

（3）石灰剂量控制。

现有研究成果表明，石灰剂量对于石灰钢渣煤矸石混合料的基层强度起到关键性的影响。石灰含量过低，则会导致强度不符合项目设计要求，然而含量过高，则会造成价格昂贵，不符合项目成本控制的标准，在后期使用阶段也容易出现开裂等问题。因此，在拌和之前，需要提取一定量的试样，在试验室中进行滴定试验，从而计算出其实际含量。如果发现其含量过高或者过低，都需要及时向上反馈，及时做出调整。

（4）松铺厚度控制。

煤矸石混合料进行铺筑操作前，下承层表面尽可能保持平整效果，最大程度上保证松铺厚度呈现出均匀分布状态。在路基边线外侧半米处，每隔 20m 标注松铺厚度控制桩，并对其横断面基地高度进行精准测量。摊铺过程中，可以采用尼龙绳挂线，根据尼龙绳的变化，对其进行高度平铺，确保松铺厚度符合要求。

（5）碾压过程控制。

对项目施工质量而言，压实度至关重要。在碾压过程中，应对压实机械标准和压实遍数进行有效控制，维持表面平整状态，在施工现场设置专门工作人员，对碾压速度进行有效控制，确定好碾压频率。

压实过程中，应从路面边缘逐步转至中央碾压。碾压环节发现软弹问题，则需要尽快挖出这一路段当中的混合料，重新放置新料，完成后续碾压操作。每层摊铺结束后，需要对施工现场做好专门的压实检验，达到设计标准后，进行后续的摊铺碾压。

7.1.5.2 质量检测

（1）压实度检测。

对于道路项目而言，在进行道路质量检测时，必须进行压实度检测，以判断路基路面是否符合使用的标准。本试验段采用灌砂法测试压实度，如图 7-8 所示，其结果如表 7-7 所示。

压实度检测结果 表 7-7

结构层位	试样干密度（g/cm³）	室内干密度（g/cm³）	现场压实度（%）
基层	2.055	2.132	96.4
底基层	2.032	2.132	95.6

图 7-8　灌砂法测压实度

经测定,煤矸石混合料基层试样的干密度为 2.055g/cm³,压实度为 96.4% >95%,底基层试样的干密度 2.032g/cm³,压实度为 95.6% >93%,满足石灰稳定材料二级及二级以下公路施工质量要求。

(2)弯沉值检测。

弯沉值是基层承受上部荷载时产生的形变量,单位 0.01mm,与路面设计强度之间有显著的相关性,弯沉值越小,则强度越高。本工程采用落锤式弯沉仪(CFWD-10T)对试验路段整体进行弯沉值检测,得到标准差,结果如表 7-8 所示。

弯沉值结果　　　　　　　　　　　　　　　　　表 7-8

测点数量	弯沉平均值(0.01mm)	标准差(0.01mm)	有效点数	弯沉代表值(0.01mm)
17	22.95	14.19	17	37.7

弯沉代表值按式(7-2)计算:

$$l_{\gamma} = \bar{l} + Z_{\alpha}S \qquad (7-2)$$

式中:l_{γ}——弯沉代表值;

　　　$\bar{l}$——标准车测得的弯沉平均值;

　　　Z_{α}——与要求保证率有关的系数。

由表 7-8 可知,试验路段实测弯沉值小于弯沉设计值 40.8(0.01mm),道路施工质量满足相关要求。

7.1.6　试验路段使用现状

2022 年 9 月 27 日,作者团队对运营中的煤矸石混合料基层应用路段进行了调查,铺筑半年后施工路段效果良好,表面无裂缝产生,说明该煤矸石混合料可以在路面基层中应用。现场实际情况如图 7-9 所示。

图 7-9　试验路段应用现状

7.2 ▶ 矿粉钢渣煤矸石混合料工程应用

7.2.1　工程概况

　　试验路段的基本工程概况详见 7.1.1,只是试验路段里程桩号不同,本工程为 K4 + 500 ~ K4 + 700,试验段总长 200m,采用两层连铺的方式,基层和底基层均采用 18cm 的煤矸石混合料,混合料配合比为煤矸石:钢渣:矿粉 =56:40:4,该配合比最佳含水率为 10% ,最大干密度为2.25g/cm³。试验段的路面结构概况如表7-9 所示。

路面结构概况　　　　　　　　　　　　　　　　　　　　　　　表 7-9

编号	结构层	结构层材料	层厚(cm)
1	面层	中粒式改性沥青混凝土	7
2	基层	煤矸石混合料	18
3	底基层	煤矸石混合料	18
4	地基	土基	—

7.2.2　施工工艺及参数

7.2.2.1　摊铺工艺

　　现场采用 ABG423 型摊铺机对煤矸石钢渣混合料进行摊铺,设计松铺厚度 26cm,松铺系数 1.44,实测压实厚度 17cm,实测松铺系数 1.53。摊铺现场如图 7-10 所示。

图 7-10　现场摊铺

7.2.2.2　碾压工艺

试验路段采用"静压 1 遍 + 振压 4 遍 + 静压 2 遍"的碾压工艺,碾压设备采用 LGS822B 单钢轮压路机。初压以 2.5km/h 的速度碾压 1 遍;复压振动碾压以 2.5~3.0km/h 的速度碾压 4 遍;终压封面静压 2 遍。碾压现场如图 7-11 所示。

图 7-11　碾压

7.2.3　质量检测

7.2.3.1　压实度检测

压实度检测结果见表 7-10。

压实度检测结果 表7-10

结构层	压实度(%)	最大干密度(g/cm³)	现场干密度(g/cm³)
基层	96.0	2.22	2.18
底基层	95.0	2.22	2.16

7.2.3.2 无侧限抗压强度

测定路面基层材料取样的7d无侧限抗压强度,结果如表7-11所示。表中显示钻芯取样测试结果偏高,钻芯后由于种种原因试样未能及时进行无侧限抗压强度试验,在放置过程中内部水化反应持续进行,导致强度进一步发展。取样现场照片如图7-12所示。

试验及检测无侧限抗压强度结果 表7-11

7d试验室结果(MPa)	7d钻芯取样结果(MPa)
7.0	7.9

图7-12 钻芯取样现场照片

7.2.4 铺筑注意事项

综合分析试验路段应用现状和铺筑过程,对混合料铺筑施工提出注意事项如下:

(1)合理选择施工配合比,控制施工时混合料压实度,避免细料过多,保证摊铺均匀。

(2)混合料的拌和应在拌和站采用机械拌和,确保拌和质量和混合料的供应,拌和站要对混合料进行成品料检验,确保混合料的均匀一致。

（3）合理组织施工,保证摊铺作业的连续进行,尽量减少冷接缝,按要求分层填筑与压实,尽量避免冬季施工。

（4）在摊铺前应确保基层保持干净,避免面层受到污染和损坏。

（5）确保路面摊铺和碾压等施工工艺的正常规范操作,确保摊铺均匀,减少路面接缝,保证碾压的密实与平整。

（6）路段试用前期应控制重载车辆,延长道路使用寿命。

7.2.5　试验路段应用现状

2021 年 12 月进行试验路段的铺筑,2022 年 9 月和 2023 年 2 月分别对通车试用后的试验路段应用现状进行调查,在 K4 + 500 ~ K4 + 700 间未观测到道路损坏现象,试验路段应用现状良好,可见矿粉钢渣煤矸石混合料具有较好的应用推广价值。现场实际情况如图 7-13 所示。

图 7-13　试验路段应用现状

7.3　石灰粉煤灰煤矸石混合料工程应用

7.3.1　工程概况

邢台市某矿厂区内某条运输道路,于 2012 年完工通车,主要用于煤矸石井下回填材料运输。

该道路按四级公路设计,设计车速20km/h,沥青混凝土路面设计使用年限为10年,道路荷载标准为BZZ-100kN,车行道横坡为单向1.0%(坡向外)。路面断面为0.5m路肩+6.0m车行道+0.5m路肩,总宽度为7.0m。车行道结构为:4cm中粒式沥青混凝土(AC-16I)+6cm粗粒式沥青混凝土(AC-25I)+21cm煤矸石混合料+21cm煤矸石混合料+22cm煤矸石混合料,总厚度74cm。混合料铺筑路段起止桩号为K0+000~K1+315.5。

结合工程实际,参考试验数据,石灰粉煤灰煤矸石混合料的配合比定为:煤矸石:粉煤灰:生石灰=72.76:16:11.24。

7.3.2 施工准备

7.3.2.1 材料准备

选用自燃且粒径小于37.5mm的煤矸石,其烧失量不超过20%,压碎值不应大于30%。通过筛分试验,颗粒级配见表7-12。

煤矸石的颗粒级配　　　　表7-12

结构层	通过下列方孔筛(mm)的质量百分率(%)								
	37.5	31.5	19.0	9.5	4.75	2.36	1.18	0.60	0.075
底基层	100	85~100	68~85	50~70	35~55	25~45	17~35	10~27	0~15
基层		100	85~100	55~75	39~59	27~47	17~35	10~25	0~15

粉煤灰采用矿电厂的粉煤灰,石灰采用当地产的袋装石灰粉,材料均按照前述章节进行试验检测,结果满足要求。

7.3.2.2 机具准备

根据施工工艺和工程量,配备以下机械设备,如表7-13所示。

主要机械设备　　　　表7-13

序号	仪器设备名称	型格型号	单位	数量
1	铲车	柳工836型	台	4
2	路拌机	SS400-21	台	2
3	平地机	恒达180型	台	2
4	振动压路机	一拖21t LSS2102	台	1
5	三轮净碾压路机	山东常林RT2125	台	1
6	洒水车	5t	台	2
7	自卸汽车	陕汽重卡SX3255	台	15

7.3.3　试验路段施工

在正式施工前严格按照技术要求中"先试验后施工"的原则,本工程设置了100m的试验段,以确定煤矸石混合料施工工艺、松铺系数、机械设备组合、压实遍数、碾压等基本参数,通过试验段总结出具有指导意义的施工工艺。

7.3.3.1　试验路段的碾压方法

路面基层的强度和稳定性与压实度有着密切关系,为了更有效合理地确定石灰粉煤灰煤矸石混合料填筑的松铺系数、压实度、振动机具的施工参数及有效地进行施工质量控制等,在进行现场煤矸石的填筑之前进行了室内标准击实试验。

通过室内标准击实试验,算出击实功为$2677.2kJ/m^3$。根据现场的LSS2102型振动压路机的工作参数(工作参数见表7-14),设定石灰粉煤灰煤矸石混合料的填筑厚度为300mm,若振动碾压要达到击实试验的击实功,LSS2102型压路机需振动碾压4遍即可达到要求。结合现场施工情况及相关施工经验,制订了"J3Z4N2法"压实工艺。

LSS2102型振动压路机技术参数　　　　　　　　　　　　　　表7-14

序号	性能	技术参数	单位
1	工作质量	21000	kg
2	前轮分配质量	7200	kg
3	后轮分配质量	5300	kg
4	静线载荷	483	N/cm
5	速度范围	0~12	km/h
6	理论爬坡能力	35	%
7	最小转弯外半径	7500	mm
8	最小离地间隙	445	mm
9	最大轮边突出	100	mm
10	振动频率	30/35	Hz
11	名义振幅(高/低)	2.0/1.0	mm
12	激振力	360/280	kN
13	振动轮直径	1600	mm
14	振动轮宽度	2130	mm
15	最大功率	132	kW
16	尺寸:长×宽×高	6600×2300×3050	mm

"J3Z4N2 法"是指压实总遍数为静压三遍、振压四遍、碾压两遍。"J3Z4"即利用 LSS2102 型振动压路机进行初压和复压：静压和振压交替压实，静压三遍、振压四遍，静往振返，静一遍振一遍称为一遍，振动碾压应严格控制振动压路机的振幅、频率和碾压速度。通过静压使煤矸石达到压碎的效果，振动碾压则调整了煤矸石的接触状态，使其颗粒相互靠近、重新排列，粗大矸石比例下降，细小颗粒比例提高，煤矸石原有级配逐渐得到改良，混合料空隙减少、密实度增大。经过"J3Z4"法初压和复压后，混合料基本密实，达到了压实的目的。"N2"即终压，初压复压结束后使用山东常林 RT2125 型重型净碾压路机对路段进行碾压 2 遍，使混合料更加密实，路面达到平整、光洁、无轮迹的效果。

7.3.3.2　试验路段的虚铺厚度

考虑试验路段在春季施工，根据现有的压实机具，拟采用路拌法施工。按照松铺系数确定松铺厚度，一般机械取松铺系数为 1.2 ~ 1.4，用 18 ~ 20t 振动压路机碾压时，每层压实后厚度不应超过 20cm；若采用大功率的振动压路机碾压时，每层的压实厚度可以根据现场试验情况适当增加。故对于 21cm 厚路面基层的虚铺厚度应在 25 ~ 29cm 之间；22cm 厚路面基层虚铺厚度应在 26 ~ 30cm 之间。

7.3.3.3　试验路段的现场检测

为验证碾压方法的有效性，根据试验路段制订了以下质量检测内容：①压实度检测，从静压 2 遍完成后振动碾压开始，每振动碾压完成一遍检测一次压实度；②待该层石灰粉煤灰煤矸石混合料填筑、碾压完成后，进行弯沉测试；③在施工过程中，对石灰粉煤灰煤矸石混合料进行取样，制作试件并检测抗压强度。

经过对试验路段的质量检测可知，制订的施工工艺能够完全满足该石灰粉煤灰煤矸石混合料路面基层的各项要求，可以此作为标准施工工艺指导该道路路面基层的施工。

7.3.4　施工工艺

根据试验路段路面基层的施工，总结出石灰粉煤灰煤矸石混合料路拌法的施工工艺流程：基底处理→施工放样→摊铺→拌和→整形→压实→养生等。摊铺、拌和、压实等是施工过程应重点控制的环节。基底处理等环节前述已有，在此不再赘述。

7.3.4.1　运输、摊铺

本路段路面基层分为三层铺筑：使用柳工 836 型铲车将煤矸石、粉煤灰、生石灰、水泥依次分别摊铺，如图 7-14 所示。

图 7-14　混合料的摊铺

加强施工现场保护,防止雨水冲刷混合料及扬尘污染环境。依次分层摊铺煤矸石、粉煤灰和生石灰,并保证每层均匀摊铺;为使碾压的上下两层结合好,下层碾压密实后应洒水湿润,再铺上层混合料,但是不应过分潮湿而造成泥泞现象。

7.3.4.2　混合料拌和、整平

利用 SS400-21 型路基稳定土拌和机进行往复干拌石灰粉煤灰煤矸石混合料 4 遍(图 7-15),现场检测混合料含水率并确定用水量后洒水,拌和机应紧随在洒水车后进行拌和,保证混合料拌和的均匀性。混合料拌和时应派专人控制拌和深度,人工拣出超尺寸的煤矸石颗粒,保证拌和后混合料色泽一致,没有煤矸石"窝",没有灰土条或灰土团。

图 7-15　混合料的拌和

拌和与碾压时严格控制含水率,保证混合料含水率超出最佳含水率 1% ~2%。若含水率达不到规定范围,需洒水增补,如超出则需摊铺晾晒。洒水车起洒处和另一端掉头处都应超出拌和段 3m 以上,为避免局部水量过大,洒水车不应在正在拌和的路段上停留和掉头。拌和后立即使用恒达 180 型平地机进行整平,为暴露出潜在的不平整路段,利用拌和机快速在拌和好的试验路段碾压两遍,拌和机轮胎碾压使其暴露出隐藏的缺陷。

拌和机械及其他机械,尤其是重型机械不宜在已碾压成形的石灰粉煤灰煤矸石混合料路面基层上通行和掉头。如必须在上进行掉头,应采取有效措施(如覆盖10cm厚的砂)保护掉头部分,使石灰粉煤灰煤矸石混合料路面基层表层不受破坏。

7.3.4.3 压实

石灰粉煤灰煤矸石混合料经摊铺、整平后,即进行碾压施工作业。按照制订的碾压工艺进行碾压、静压2遍完成后开始进行振动碾压,每振动碾压完成一遍检测一次压实度。碾压方向与路中线平行,由路面基层边到路中、由低到高依次均匀连续进行。碾压时后轮应重叠1/2的轮宽,后轮必须超过两段的接缝,后轮压完路面全宽时即为一遍。

碾压应在最佳含水率下进行,并应随时检查路面基层的密实度。如发现局部"翻浆"或"弹簧"等现象应立即停止碾压,待翻松晾干再压;出现松散推移现象,则洒水翻拌再压。结构层的平整度和高程均应符合规定要求。

7.3.4.4 养生

石灰粉煤灰煤矸石混合料路面基层压实成形合格后,若不立即覆盖沥青面层,则必须在潮湿状态下养生不少于7d,每天3次全路段洒水养护,直至铺筑上面的结构层时停止养生。养生期间至铺筑上面一层前,除洒水车外严禁重型车辆通行。如图7-16所示。

图7-16 养生

7.3.5 质量控制

7.3.5.1 材料控制

在煤矸石使用前,应对所选用的煤矸石进行级配、压碎值、烧失量、自由膨胀率、耐崩解性等试验,符合相关要求后,方可在施工中应用。

粉煤灰和石灰也应依据相应的规范标准进行施工前检验,符合各项要求后,方可应用在路面基层中。

为了保证石灰粉煤灰煤矸石混合料路面基层的填筑质量,施工前应对现场的石灰粉煤灰煤矸石混合料进行标准重型击实试验,以确定准确的最佳含水率和最大干密度。

7.3.5.2　压实作业控制

为了保证石灰粉煤灰煤矸石混合料路基的施工质量,碾压压实作业应遵照以下要求进行:

必须保证石灰粉煤灰煤矸石混合料拌和、摊铺均匀。应做到合理计算摊铺距离并及时碾压,并且应采取有效措施防止水分过分蒸发而影响压实效果。碾压时,考虑风干、蒸发等因素,应使已经摊铺的石灰粉煤灰煤矸石混合料含水率超出最佳含水率的1%~2%。

石灰粉煤灰煤矸石混合料路基必须分层填筑。虚铺厚度应根据压实机械种类和压实功率大小而定。全宽铺筑路面基层时,为保证路基范围内的碾压压实效果,路基每侧的宽度应大于设计宽度30cm。

机械碾压压实时应按照先轻后重、先边后中、先慢后快的原则进行作业。碾压顺序应遵循先低后高的原则,直线路段从边坡开始向路基中心碾压,曲线段由曲线内侧向内侧碾压。压实机具最快的碾压速度不得超过4km/h,碾压时后轮应重叠一半的轮宽,保证后轮必须超过两个施工段的接缝处。

对于路基局部的边角机械无法碾压到位的部分,可采用蛙式打夯机或振动冲击夯压实到规定的压实度。每层石灰粉煤灰煤矸石混合料碾压结束后,应根据要求检查压实度。

7.3.6　质量检测

石灰粉煤灰煤矸石混合料路面基层既不同于灰土基层,也与碎石土基层不相同,当时还没专门关于石灰粉煤灰煤矸石混合料路面基层的质量验收标准。依据当时实行的《公路沥青路面设计规程》(JTG D50—2006)、《公路工程质量检验评定标准》(JTG F80/1—2004)、《公路工程施工监理规范》(JTG G10—2006)及《公路路面基层施工技术规范》(JTJ 034—2000)中相关要求,提出针对石灰粉煤灰煤矸石混合料路面基层质量验收控制应从压实度、弯沉、外观及抗压强度等几方面进行分项检测与验收。

7.3.6.1　压实度

压实度是道路施工过程中一个极其重要的质量控制指标,直接关系到道路的使用要求能否实现。粗颗粒煤矸石作为路基的主要材料,在公路施工中常用灌砂法来检测路基填筑质量,见图7-17。

a)取样　　　　　　　　　　　　　　　　b)称样

图7-17　灌砂法测压实度

同时可以用沉降观测法作为压实度检测的对照方法,采用随机法设置沉降观测点,检测频率为每100m设置三个点,测定其高程,利用压路机加振一遍观测其高程计算出沉降量,若测得各个观测点的平均沉降量小于3mm,则可认为路基达到密实要求。

7.3.6.2　弯沉值

弯沉值不仅能够反映路面各结构层及路基的整体强度和刚度,而且与路面的使用状态存在一定的内在联系。因此在工程竣工前,弯沉值作为一项重要的检测指标,反映了路面的整体强度质量。可以利用贝克曼梁对石灰粉煤灰煤矸石混合料路基进行弯沉验收:每一双车道评定路段(不超过1000m)检测80~100个点,多车道公路必须按照车道数与双车道比值,相应增加检测点。沿道路纵向每20m设置1处弯沉检测面,每一检测断面沿道路横向左、中、右均匀布置3个弯沉测试点。该厂区道路的石灰粉煤灰煤矸石混合料路基表面弯沉值应满足小于40.1(0.01mm)的设计要求。

7.3.6.3　外观鉴定

石灰粉煤灰煤矸石混合料路基碾压完成后应达到表面平整、无轮迹的外观效果,并应满足路基设计的有关要求。依照当时实行的《公路工程质量检验评定标准》(JTG F80/1—2004)中的相关标准对该厂区道路的路基宽度、中线偏位、高程、坡度、横坡及平整度等进行外观鉴定。如图7-18所示。

图 7-18　石灰粉煤灰煤矸石混合料路基验收时的外观

7.3.6.4　无侧限抗压强度

在施工现场路段对该配比的石灰粉煤灰煤矸石混合料进行取样,制备试件。按照要求在规定的温度下保湿养生 6d,浸水 24h 后进行无侧限抗压强度试验。

按照制订的石灰粉煤灰煤矸石混合料路面基层检验验收标准,2012 年 5 月 10 日,项目相关单位对该厂区道路的 K0 + 000 ~ K1 + 315.5 标段的路面基层,从压实度、弯沉值、外观尺寸及抗压强度等 4 个方面对石灰粉煤灰煤矸石混合料路基进行了检查验收,结果见表 7-15。

石灰粉煤灰煤矸石混合料路基质量验收　　　　　　　　　　表 7-15

序号	验收项目		规定值与允许偏差	验收结果			检验频率与方法
				检测点数	合格点数	合格率	
1	压实度(灌砂法)		层厚和碾压遍数符合要求且 ≥95%	16	16	100%	每 200m 每车道 2 处
2	弯沉值(1/100mm)		≤40.1(1/100mm) 设计值	经检测弯沉值最大 32(1/100mm) 小于设计值 40.1(1/100mm)			纵向 20m 为一个断面,横向左、中、右均匀布置 3 个弯沉测试点
3	外观尺寸	宽度(mm)	不小于设计值	32	32	100%	尺量:每 200m 测 4 处
		横坡(%)	±0.5	16	16	100%	水准仪:每 200m 测 4 个断面
		中线偏差(mm)	±50	16	16	100%	经纬仪:每 200m 测 4 个断面
		纵断高程(mm)	与设计值偏差在 -15 ~ 5 范围内	96	78	81.30%	水准仪:每 200m 测 4 个断面
		平整度(mm)	15	80	76	95%	3m 直尺:每 200m² ×10 尺
		边坡	符合设计要求	—			每 200m 抽查 4 处

续上表

序号	验收项目	规定值与允许偏差	验收结果			检验频率与方法
			检测点数	合格点数	合格率	
4	强度 （MPa）	符合设计 要求 >0.6MPa	经检测该路段石灰粉煤灰煤矸石混合料路基抗压强度为1.1MPa，符合设计要求			每2000m² 或每工作班制备1组试件

7.4 ▷ 石灰粉煤灰煤矸石混合料地基换填工程应用 ⬇

7.4.1 工程概况

本工程为邢台某矿棚户区改造工程6#住宅楼,2012年建成完工。总建筑面积4147.11m²,建筑高度19.5m,地下一层,地上六层,室内外高差为0.9m。砌体结构,条形基础,建筑基础设计采用的地基承载力特征值为220kPa。

由于地基土分层第一层为杂填土,第二层为粉土,承载力低压缩模量小,第三层为卵石层,承载力达到220kPa,压缩模量为25MPa,且一层和二层土较薄,只有1~3m厚,故选择卵石层作为持力层,但卵石层的高程不统一,故需换填不同厚度的垫层,将其换填至基础设计高程方可进行施工。换填拟采用石灰粉煤灰煤矸石混合料进行地基换填,既可节约土地资源,又可将煤矸石进行利用,达到变废为宝、保护环境的目的。图7-19是本工程所用煤矸石取料的煤矸石山。

图7-19 取料的煤矸石山

7.4.2 换填地基设计

7.4.2.1 换填垫层地基承载力特征值

石灰粉煤灰煤矸石混合料换填垫层地基承载力特征值 f_{ak} = 220kPa。

7.4.2.2　配合比的确定

根据第 6 章的试验结果,考虑换填的成本,选择配合比为煤矸石:粉煤灰:石灰粉 =
78.8:17.4:3.8(质量比)。

7.4.2.3　换填材料要求

(1)煤矸石:采用该矿区自燃较充分的煤矸石,煤矸石应级配良好,不含动植物残体、垃圾
等杂质,烧失量≤20%。煤矸石的最大粒径不宜大于 50mm。

(2)粉煤灰:换填材料所用粉煤灰符合有关放射性安全标准的要求。其烧失量≤20%。

(3)石灰粉:石灰质量达到三级灰标准,如采用消解石灰,石灰消解后应尽快使用,不宜存
放过久。

7.4.2.4　垫层设计

地基开挖至持力层,垫层以下无软弱下卧层,垫层以下地基承载力达到 220kPa。垫层厚
度约为 1.4m,垫层的扩散角取值为 30°,由条形基础外边线各延长垫层高度的 0.6 倍。垫层压
实度不小于 0.97,采用灌砂法或灌水法进行检测,严格按照灌砂法和灌水法的标准操作进行
试验,每两层测试一次。压实度检测点的布置严格按照相应规范进行。

7.4.3　施工工艺

石灰粉煤灰煤矸石混合料压实过程是一个破碎压密的过程,其中矸石块经过破碎→压密→
再破碎→再压密的渐进压密,粗大矸石块比例降低,细小颗粒比例提高,煤矸石的颗粒级配逐
步得到改良,采用碾压施工方法进行施工。

7.4.3.1　基坑底部处理、施工放样

在地基换填施工前对底基层进行清理、整平、压实,在基坑周围固定物体上设置高程控制
点,以便于进行基坑坑底的高程控制,以及虚铺厚度的控制。

7.4.3.2　拌和

由于混合料的用量较大,如果用搅拌机进行拌和工作量过大且拌和速度慢,因此采用铲车
将将煤矸石、粉煤灰和石灰进行翻转拌和(图 7-20),拌和充分均匀,在拌和的过程中应严格控
制含水率,及时测定含水率的大小。拌和应达到粉煤灰和石灰均匀地扩散在煤矸石中,测定完

含水率之后,其含水率与最佳含水率的误差不大于±2%后,进行下一步的施工。

图 7-20　混合料的现场拌和

7.4.3.3　摊铺、整平

将拌和好的煤矸石混合料,用铲车运至基坑内,然后将混合料粗略地摊铺至虚铺厚度。根据碾压机械型号,铺土厚度确定为30cm。在摊铺的过程中用水准仪进行,进行高程控制,防止摊铺厚度过大,造成返工。用铲车进行粗略地摊铺整平后,需人工进行较精确地整平,使每层的虚铺厚度达到施工方案制订的标准,不得过大或过小。摊铺整平达到施工方案制订的虚铺厚度时可进行下一道工序的施工。如图 7-21 所示。

图 7-21　混合料的摊铺与整平

7.4.3.4　压实

压实机的吨位大小会直接影响压实质量,综合考虑选择 24t 的压路机进行碾压。整平后采用压路机进行压实,平碾和振动结合进行碾压,碾压时应遵循先低后高、从两边向中间的碾压原则,主轮错半轮碾压,达到碾压密实、表面光洁、无轮迹的效果。

碾压三遍后采用灌砂法测定压实度,其值小于设计要求,再进行碾压一遍,测定其压实系数,已达到 0.97 以上,满足设计要求。经过多次反复试验表明该配合比的煤矸石混合料,在一定的虚铺厚度下,使用 24t 的压路机碾压 4 遍以后压实度达到 0.97。表明该材料级配良好,易于压实,有利于加快施工进度。

7.4.3.5　找平和验收

(1)施工时应分层找平,夯压密实,并应设置压实度检查点,测定煤矸石混合料压实度。下层密实度合格后,方可进行上层施工。

(2)最后一层压(夯)完成后,表面应拉线找平,并且要符合设计规定的高程。顶面平整度应在 ±15mm 内。

7.4.3.6　养护

煤矸石混合料摊铺、压实成形合格后,需要在潮湿状态下养生 7d 以上,养生期间,不得有汽车等重物碾压。

7.4.4　地基承载力检验

7.4.4.1　测点的布置

当时实行的《建筑地基处理技术规程》(JGJ 79—2002)规定:竣工验收采用载荷试验检验垫层承载力时,每个单体工程不宜少于 3 点。本工程作为一个单体工程采用平板载荷试验进行质量验收,选取三点进行平板载荷试验。试验点布置如图 7-22 所示。

图 7-22　测点布置图(尺寸单位:mm)

1、2 号测点选择在建筑的外墙处是主要的受力部位,且此处地基换填厚度较大,达到了 1.5m,因此将荷载测试点放于此处,3#测试点处位于基坑的中心部位,具有代表性。

7.4.4.2 地基检测

该工程地基承载力检测由邯郸市大兴工程检测公司进行,如图 7-23 所示。现场最大加载值为设计值的两倍,检测过程中地基没有发现裂缝隆起的地基破坏现象,地基承载力达到设计值 220kPa 的要求。检测报告显示石灰粉煤灰煤矸石混合料地基换填后,其变形模量很小,属于低压缩性土。现场检测数据也很好地验证了第 6 章的试验结果。

图 7-23　现场载荷试验图

石灰粉煤灰煤矸石混合料适用于地基换填工程的应用,具有较高的地基承载力,满足地基处理的性能要求,是一种新型的地基换填处理材料。

参 考 文 献

[1] Finkelman B R,Orem W,Castranova V,et al. Health impacts of coal and coal use:possible solutions[J]. International Journal of Coal Geology,2002,50(1):425-443.

[2] ü. Akdemir,İ. Sönmez. Investigation of coal and ash recovery and entrainment in flotation[J]. Fuel Processing Technology,2003,82(1):1-9.

[3] Skarżyńska M K. Reuse of coal mining wastes in civil engineering—Part 2:Utilization of minestone[J]. Waste Management,1995,15(2):83-126.

[4] Marland S,Han B,Merchant A,et al. The effect of microwave radiation on coal grindability [J]. Fuel,2000,79(11):1283-1288.

[5] Schulz D. Recultivation of mining waste dumps in the Ruhr area,Germany[J]. Water,Air,and Soil Pollution,1996,91(1-2):17-32.

[6] Sripriya R,Rao P,Choudhury B. Optimisation of operating variables of fine coal flotation using a combination of modified flotation parameters and statistical techniques[J]. International Journal of Mineral Processing,2003,68(1):109-127.

[7] 常纪文,杜根杰,杜建磊,等. 我国煤矸石综合利用的现状、问题与建议[J]. 中国环保产业,2022(08):13-17.

[8] 刘俊尧,裴春平,刘晓惠,等. 煤矸石做道路基层材料的应用分析[J]. 云南交通科技,2000(03):23-26.

[9] 刘钊. 煤矸石在道路基层材料中的应用浅析[J]. 黑龙江科技信息,2009(36):406.

[10] 夏英志,宋昕生. 二灰稳定煤矸石路用性能及工程实例研究[J]. 煤炭工程,2009(12):58-60.

[11] 裴富国. 水泥稳定煤矸石底基层的试验研究与应用[J]. 山西交通科技,2009(03):48-50+56.

[12] 贾致荣,赵成泉,鞠泽青,等. 用石灰粉煤灰稳定煤矸石的初步研究[J]. 岩土力学,2006,27(S2):909-912.

[13] 张春雷. 国内外钢渣再利用技术发展动态及对鞍钢开发钢渣产品的探讨[J]. 鞍钢技术,2003(04):5-9.

[14] 吴军. 粒化高炉矿渣粉稳定钢渣在道路中的应用[C]//《施工技术》杂志社,亚太建设科技信息研究院有限公司. 2022年全国土木工程施工技术交流会论文集(下册).《施工技术(中英文)》编辑部,2022:321-323.

[15] 刘玉民,王兰,王玉. 钢渣混合料用作道路基层材料工程应用研究[J]. 中外公路,2018,38(05):209-213.

[16] 王静. 煤矸石混合料铺筑道路基层的研究[J]. 中南公路工程,1988(01):1-8.

[17] 鲍明伟.利用煤矸石混合料修筑公路基层的分析[J].东北林业大学学报,1990(06):116-120.

[18] 纪少双,赵庆余.煤矸石作黑色路面基层的试验[J].辽宁交通科技,1994(05):11-12.

[19] 阮炯正,李燕.煤矸石道路基层混合料试验与应用[J].吉林建筑工程学院学报,1995(02):35-39.

[20] 赵明宏,薛丹,严建国,等.灰、土稳定煤矸石路面基层的研究[J].辽宁交通科技,1996(05):7-10+6.

[21] 何上军.煤矸石作路面基层材料的探讨[J].铁道工程学报,1999(01):118-121.

[22] 许海玲,刘会生.煤矸石在道路基层的试验研究[J].中州煤炭,2001(04):3-5.

[23] 陈杨军.煤矸石在高等级公路路面基层中的应用[J].中外公路,2003(01):25-27.

[24] 王贵林,李光,于晓坤,等.自燃煤矸石用于路面基层技术[J].东北林业大学学报,2008(08):33-35.

[25] 李光.煤矸石用于公路路面基层的研究[J].市政技术,2009,27(04):401-404.

[26] 周梅,李志国,吴英强,等.石灰-粉煤灰-水泥稳定煤矸石混合料的研究[J].建筑材料学报,2010,13(02):213-217.

[27] 赵睿,叶洪东,程建芳.废石膏改性全废四渣基层开发与应用初探[J].粉煤灰综合利用,2011(01):54-56.

[28] 李明,李昶,郭雨鑫,等.水泥稳定碎石-煤矸石混合料性能试验研究[J].硅酸盐通报,2019,38(09):2895-2901+2909.

[29] 钟帜旗,邓翠娥.含煤矸石碎石在路面基层应用的研究[J].工程技术研究,2019,4(17):104-105.

[30] 刘逢涛,杨杰.煤矸石在高等级道路基层中的应用[J].交通世界,2022(13):11-14.

[31] 任亚伟,蔡燕霞,刘逢涛.电石渣、粉煤灰稳定煤矸石基层混合料性能试验研究[J].公路工程,2023,48(01):74-78+97.

[32] 武昊翔.煤矸石在路面基层的应用技术研究[D].北京工业大学,2014.

[33] 李彩惠,张亚鹏,王海燕,等.煤矸石混合料路面基层施工工艺研究[J].河北工程大学学报(自然科学版),2013,30(03):54-56.

[34] Yapeng Zhang, Wenqing Meng, Zhifei Zhang. Experimental study of indirect tensile strength of calcareous coal gangue mixture[J]. World Journal of Engineering,2013,10(5):457-462.

[35] 全建升.煤矸石二灰混合料在路面基层中的力学性能研究[D].邯郸:河北工程大学,2012.

[36] 黄祖德.煤矸石混合料在路面基层中的应用性能研究[D].邯郸:河北工程大学,2012.

[37] 张志飞.煤矸石混合料在路面基层中的应用性能研究[D].邯郸:河北工程大学,2014.

[38] 徐献海,王延,张聚军,等.煤矸石混合料抗压回弹模量试验研究[J].煤炭工程,2014,46

(7):111-113.

[39] 吴依同.矿粉钢渣煤矸石混合料的路用性能研究[D].邯郸:河北工程大学,2023.

[40] 冀昊.石灰-钢渣-煤矸石混合料力学性能试验及应用研究[D].邯郸:河北工程大学,2023.

[41] 杨红福.煤矸石钢渣混合料耐久性及力学性能增长规律研究[D].邯郸:河北工程大学,2023.

[42] 孙康.煤矸石混合料路面基层的力学性能研究[D].邯郸:河北工程大学,2021.

[43] 王新溢.基于CT扫描的煤矸石二灰混合料冻融损伤特性研究[D].邯郸:河北工程大学,2018.

[44] 张志飞.煤矸石混合料路面基层性能试验研究[D].邯郸,河北工程大学,2014.

[45] 柳东雷.煤矸石二灰混合料干湿循环水稳定性研究[D].邯郸:河北工程大学,2018.

[46] 张亚鹏,杨红福,孟文清,等.煤矸石混合料耐久性能研究[J].新型建筑材料,2023,5:29-34.

[47] 中华人民共和国行业标准.公路路面基层施工技术细则:JTG/T F—2015[S].北京:人民交通出版社股份有限公司,2015.

[48] 中华人民共和国国家标准.煤矸石烧失量的测定:GB/T 35986—2018[S].北京:中国标准出版社,2018.

[49] 中华人民共和国行业标准.公路土工试验规程:JTG 3430—2020[S].北京:人民交通出版社股份有限公司,2020.

[50] 中华人民共和国国家标准.钢渣稳定性试验方法:GB/T 24175—2009[S].北京:中国标准出版社,2009.

[51] 中华人民共和国国家标准.用于水泥、砂浆和混凝土中的粒化高炉矿渣粉:GB/T 18046—2017[S].北京:中国标准出版社,2017.

[52] 中华人民共和国行业标准.公路工程无机结合料稳定材料试验规程:JTG E51—2009[S].北京:人民交通出版社,2009.

[53] 中华人民共和国行业标准.公路沥青路面设计规程:JGT D50—2017[S].北京:人民交通出版社股份有限公司,2017

[54] 中华人民共和国行业标准.公路工程集料试验规程:JTG E42—2005[S].北京:人民交通出版社,2005.

[55] 中华人民共和国行业标准.公路工程岩石试验规程:JTG E41—2005[S].北京:人民交通出版社,2005.

[56] 中华人民共和国国家标准.土工试验方法标准:GB/T 50123—2019[S].北京:中国计划出版社,2019.

[57] 方开泰.均匀设计与均匀设计表[M].北京:科学出版社,1994.

[58] 中华人民共和国行业标准.建筑地基处理技术规范:JGJ 79—2012[S].北京:中国标准出

版社,2012.

[59] 中华人民共和国行业标准.建筑地基处理技术规范:JGJ 79—2002[S].北京:中国标准出版社,2002.

[60] 滕延京.建筑地基处理技术规范理解与应用[M].北京:中国建筑工业出版社,2013.

[61] 张玉成、杨光华,等.载荷试验尺寸效应及地基承载力确定方法探讨[J].岩土力学,2016.10(37卷增刊2):263-272.

[62] 周景星,等.基础工程[M].北京:清华大学出版社,2015.